灵台现代矮化苹果
标准化生产技术

张建锋　主编

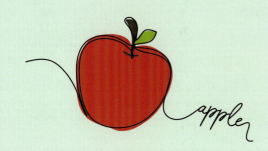

中国农业出版社

北　京

图书在版编目（CIP）数据

灵台现代矮化苹果标准化生产技术 / 张建锋主编.
北京：中国农业出版社，2024.8. -- ISBN 978-7-109
-32424-4

Ⅰ. S661.1-65

中国国家版本馆CIP数据核字第2024EN4587号

LINGTAI XIANDAI AIHUA PINGGUO
BIAOZHUNHUA SHENGCHAN JISHU

中国农业出版社出版

地址：北京市朝阳区麦子店街18号楼

邮编：100125

责任编辑：国　圆

版式设计：王　晨　　责任校对：吴丽婷　　责任印制：王　宏

印刷：北京印刷集团有限责任公司

版次：2024年8月第1版

印次：2024年8月北京第1次印刷

发行：新华书店北京发行所

开本：700mm×1000mm　1/16

印张：10.25

字数：200千字

定价：88.00元

序 一

　　苹果作为全球种植和消费量最大的水果之一，不仅因其美味和营养价值受到人们的喜爱，也因其在农业经济发展中的重要地位而备受重视。随着现代农业技术的发展，以矮砧密植为发展方向的苹果栽培模式，更是为苹果产业带来了革命性的技术变革，不仅提高了果园的生产效率，还提升了果实的品质，对于推动农业高效化、集约化、现代化具有极为重要的意义。

　　本书结合了国内外先进的矮砧密植栽培技术和实践经验，并立足甘肃省灵台县苹果产业高质量发展思路，从品种选择、建立果园、老果园改造、土肥水管理、整形修剪、花果管理、病虫害防治、采收销售等方面，全面系统地介绍了符合甘肃灵台乃至陇东地区矮砧密植果园栽培的关键技术和注意事项，并形成了一套比较完善的果园管理标准体系，对今后矮砧密植果园管理具有很强的指导意义。其中，老果园改造技术是灵台县在遵循国家土地政策的基础上，通过近几年探索并在实践应用成熟后提炼总结的重茬更新、品种改优、嫁接改造等系列技术，对全国主产区稳定果园面积，高标准进行老果园改造有极大的参考和借鉴价值。

我相信，通过阅读本书，苹果产业从业人员和广大果农能够获得丰富的知识和实际操作技能，为苹果产业的发展贡献自己的力量。

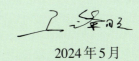

2024 年 5 月

序 三

　　甘肃省灵台县苹果产业得益于得天独厚的区位优势和自然资源优势，成为富民强县的优势特色产业。近年来，灵台县持续推进和巩固国家矮砧苹果标准化种植示范区、全国现代矮砧苹果新技术集成示范县成果，大力推广"四新"应用，有力推进苹果产业转型升级，在助推乡村振兴的伟大实践中发挥了巨大作用。

　　对于苹果产业发展而言，标准化生产技术在提高苹果产量、品质、效益方面具有十分重要的意义。灵台现代矮化苹果标准化生产技术经过十余年的实践检验，具有高效、高产和品质优良等特点，深受广大苹果从业者的青睐。为了确保标准化生产技术惠及更多的果农群众，编写团队成员结合多年的生产经验、研究成果和未来发展趋势，从品种选择、建立果园、老果园改造、土肥水管理、病虫害防治等9个方面进行了凝练总结，并形成了《灵台现代矮化苹果标准化生产技术》，以图文形式直观系统地介绍了灵台现代矮化苹果标准化生产流程，对促进苹果产业可持续、现代化发展有极大的促进作用。

本书具有较高的指导性、操作性和实用价值，希望本书的出版将该生产技术广泛推广和应用，让每位读者从中受益，为苹果产业高质量发展、农民增收致富、实现产业振兴注入新的活力和动力。

2024 年 5 月

前　言

　　甘肃省灵台县地处北纬35°苹果黄金生产带，是农业农村部划定的黄土高原苹果最佳适生区，也是全省18个苹果优势区域重点县之一。近年来，灵台县委、县政府紧盯世界苹果产业发展前沿，出台扶持政策，坚定矮砧发展方向，大力推广"四新"应用，使苹果产业成为灵台县助农增收、提升县域经济、推动乡村振兴的主导产业。

　　随着苹果产业的快速发展，乔化栽培模式中存在的劳动强度偏大、投入偏大、产出偏低、周期过长等问题逐步突显，已成为制约苹果产业发展的主要因素。为了彻底解决这些问题，灵台县委、县政府紧抓国家农业供给侧结构性改革这一发展机遇，先后提出苹果产业转型升级发展战略和"强龙头、补链条、聚集群"的链式发展思路，以创建矮砧苹果标准化种植示范基地、高端果品生产核心区和高新尖技术研发高地为目标，持续稳定果园面积、培育经营主体、强化科技推广、完善防灾体系、延链补链强链，有力破解产业发展瓶颈，推动全县苹果产业高质量发展。先后荣获"国家矮砧苹果种植标准化示范区""全国现代矮砧苹果新技术集成示范县""2021年度中国苹果产业五十强县"称号。

　　为了总结提炼灵台在矮化苹果标准化生产方面形成的新优技术，县果业办组织专业技术人员编写了《灵台现代矮化苹果标准化生产技术》。该书从甘肃省灵台县现代矮化苹果栽培模式及适宜品种、建园技术、老果园改造与品种更新换优技术、果园土肥水管理技术、整形修剪技术、果实精品化管理技术、病虫害综合防控技术、果实采后处理及果品营销、苹果安全质量标准九个章节做了阐述。该书内容生动，技术全面，对普及苹果矮化栽植技术、开展果园标准化提质增效管理具有很强的指导意义。

衷心希望广大果农和果业工作者，以本书介绍的技术为标准，严格生产管理和质量要求，加强技术培训，推广普及果园标准化管理技术，进一步提升当地苹果的知名度和影响力。

特别鸣谢国家苹果产业技术体系岗位科学家、西北农林科技大学专家教授在本书编写过程中给予的大量技术指导！同时，感谢甘肃齐翔农业科技有限公司、灵台县优德隆现代农业有限公司、灵台县钰圣有机农业发展有限公司、灵台县皇甫生态农业有限责任公司、灵台县绿色果品有限责任公司、灵台县玉秦田源果业农民专业合作社、灵台县金果源果品种植农民专业合作社、灵台县鲜果家园果业种植农民专业合作社对本书出版的大力支持！

编　者

2024 年 5 月

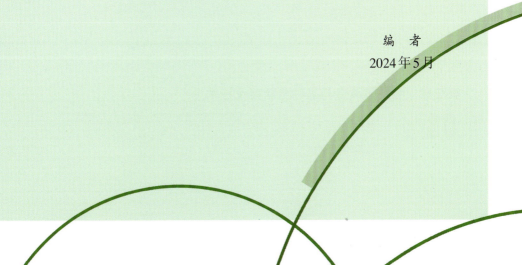

目 录

第一章

甘肃省灵台县现代矮化苹果栽培模式及适宜品种

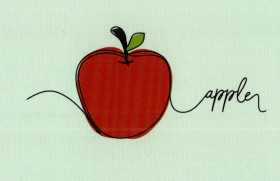

近年来，甘肃灵台县苹果产业转型升级发展经验表明，以矮化自根砧、矮化中间砧和短枝型为主的现代矮化苹果栽培模式适应灵台地区发展。

一、灵台县矮化苹果栽培模式

（一）矮化自根砧

矮化自根砧是指让矮化砧直接生根，在其上嫁接品种（图1-1）。矮化砧木可以通过压条、组培或扦插等方法繁殖。

图1-1　矮化自根砧

1.优点

矮化效果显著，苗木一致性好，株间遗传差异性小，建园整齐度高，适合密植栽培；营养生长易控制，短枝多、易成花、结果早、产量高、果品质量优良；树冠小而窄，便于机械化管理，省工、省力、省土地。

2.缺点

苗木根系分布浅，固定性差，对风等抵抗力弱，同时对气候、土壤、肥水条件要求较高，建园时需要配套支架、滴灌设施系统。

3.适用性

建园一次性投入较大，适合企业、合作社或大户建园，个体农户审慎采用；要求立地条件好，有水源和肥力基础，技术性强。

4.适合灵台县栽植的矮化自根砧

主要有M_9优系（T337）、M_{26}、G935、青砧1号等，树冠容易控制，栽植密度较大。青砧1号控冠能力较差，适合在贫瘠、无灌溉条件下建园。

（1）M_9（图1-2）。属矮化砧。枝条粗而光滑，淡褐色，皮孔小而稀，木质脆。叶片倒卵形有光泽，较厚，中等大小，锯齿大而钝。树体矮小，结果早，早期丰产。根系分布较浅，固地性差。不抗寒、不抗旱，较耐湿。其可用作自根砧或中间砧，但嫁接植株有"大脚"或"腰粗"现象。T337是从M_9中选择出的优系，相较于M_9，压条生根容易，结果性能稍优于M_{26}，但抗寒性差，不能在过于寒冷的地区栽培。

图1-2　M_9矮化自根砧

（2）M_{26}。属矮化砧。新梢生长粗壮，上下粗细较均匀，枝条棕色，皮孔小，圆形，较稀，不明显。芽枕突起，叶片圆形或卵圆形，先端急尖，基部楔形。叶片较厚，平展，边缘呈波状。叶片有光泽，叶柄短。其适应性广，是矮化砧中应用最多的一种。较抗寒，抗旱性较差。其压条繁殖生根较易，繁殖系数较高，用作自根砧嫁接树有"大脚"现象，用作中间砧有"腰粗"现象。嫁接树矮化程度介于M_9和M_7嫁接树之间，固地性强，比M_7嫁接树结果早。

（3）G935。属半矮化砧。其嫁接接穗的树体矮化效果达45%～55%，介于M_9和M_{26}之间，且与M_7砧木矮化水平相似。G935砧木嫁接品种后，分枝角度更大，果树早熟、高产。G935对火疫病和疫霉病具有高度抗性，同时表现出抗重茬的特性，可用于抗重茬栽植，但对苹果绵蚜不具有抗性，且对病毒敏感。

（4）青砧1号。属半乔化自根砧。早果、高产，抗病、抗寒、抗旱性强，耐盐碱、适应性强，可用于抗重茬栽植。树体柱形，株高相当于母本平邑甜茶的75%。无融合生殖坐果率为97.0%～98.1%；平均单果重为9.2g；每果种子数为4.1个，饱满种子百分比为100%，种子千粒重为41.4g。

（二）矮化中间砧

矮化中间砧是指将具有矮化作用特性的砧段用作中间砧，利用基砧的固定性和矮化砧木的致矮性，共同作用于接穗品种，以达到控制树冠的目的（图1-3）。

图1-3　矮化中间砧

1.优点

基砧是实生根系，有主根，固地性较自根砧苗木强，适应性较广；结果早、投产快、产量高、着色好、糖分高，果品质量优；大行距、小株距，适合机械化作业；生产周期短，便于品种更新换代。与自根砧相比，矮化性能稍差，结果迟1～2年，管理好则果品质量基本相同；由于双层根系，固地性强，可采用简易支柱或无支柱工程，投资量比自根砧少；有肥水条件更好，无灌溉条件可应用抗旱栽培措施。

2.缺点

中间砧长度不同，致矮效果不同，且矮化中间砧前期要埋土，对于入土深度，不同树体生长有差异，致使群体一致性差，因此栽植技术要求较严。幼树生长期主干易偏斜，前期必须采用简易支柱（竹竿）固定，栽植技术很关键，易出现偏旺或偏弱现象。

3.适用性

栽培管理相对容易，适合在灵台县大面积推广栽植；适合大户或有技术条件的个体专业户实施，可旱作栽培。

4.适合灵台县栽植的矮化中间砧与基砧

（1）矮化中间砧。以M_9（T337）、M_{26}为主，最后形成两层根系，下部基砧根系逐步退化，生长势稍旺，树冠比自根砧稍大。

（2）基砧。基砧类型直接影响到苗木的适应性、栽植密度、整形修剪及品种的选择。适合灵台县应用的基砧主要有新疆野苹果（图1-4）、八棱海棠、楸子（图1-5）和山定子（图1-6）等。

图1-4　新疆野苹果

图1-5　楸　子

图1-6　山定子

（三）短枝型

短枝型是普通品种的紧凑型芽变品种。

1.优点

树体矮小，适于密植，修剪简化，管理省工；幼树萌芽率高、成枝力强，大树成枝力低，短枝多，长枝少，成花易，结果早，丰产稳产；乔化短枝型建园及栽后管理比矮化砧简单，不需要支柱和滴灌设施，投资少。

2.缺点

结果树的枝组更新对技术要求比较高，管理不好树体容易衰退；果实硬度、含糖量、维生素C等内在品质指标比普通型品种低，易出现偏斜果。

3.适用性

适用于大部分农户及立地条件较差的地块栽植，技术上比较容易掌握。

4.适合灵台县栽植的短枝型

主要有瑞雪、礼泉短富、烟富6号、响富、惠民短枝、宫崎短富、新红星等（图1-7）。

图1-7 适合灵台县栽植的短枝型

A.礼泉短富 B.烟富6号 C.响富 D.富士

二、适合灵台县栽培的苹果新优品种

（一）早熟新优品种

1.秦 阳

来 源 由皇家嘎啦实生选育（图1-8）。

品种特性 果实近圆形，平均单果重198g，最大为245g，纵横径为6.73cm×7.86cm，果形端正，无棱。底色黄绿，条纹红，充分成熟后全面着鲜红色。果点大小中等（也称中大），密度中等，白色，果粉薄，果面光洁无锈，蜡质厚，有光泽，外观艳丽。果肉黄白色，肉质细，松脆，汁液含量中等，风味甜，有香气，品质佳。果肉硬度为8.32kg/cm²，可溶性固形物含量为12.18%，可滴定酸含量为0.38%，总糖含量为11.22%，每100g果实的维生素C含量为7.26mg。

图1-8 秦 阳

2. 华 硕

来 源 由美八与华冠杂交选育而成（图1-9）。

品种特性 果实近圆形，底色绿黄，果面鲜红色，蜡质多，有光泽，无锈。果肉绿白色，肉质细腻，硬度好，质脆而多汁，酸甜适口，风味浓郁。果个大，平均单果重232g，可溶性固形物含量为13.9%，总糖含量为11.68%，总酸含量为0.42%，每100g果实的维生素C含量为1.1mg。耐储藏，8月中下旬成熟。

图1-9 华 硕

3. 大卫嘎啦

来 源 嘎啦芽变品种（图1-10）。

品种特性 果实长圆锥形，果形端正高桩，果面平滑且具蜡质，果实全面着色，色泽艳丽，是目前着色最好的嘎啦品种。外观品质极佳。果肉淡黄色，口感好，脆甜多汁，略有芳香味。果个均匀，平均单果重200g，可溶性固形物含量为13.5%～16.0%，可滴定酸含量为（0.5±0.05）%。该品种生长势强，易成花，早果丰产，管理简单，连续结果能力强，8月中旬成熟。

图1-10 大卫嘎啦

4. 红思尼克

来 源 嘎啦芽变品种（图1-11）。

品种特性 果形端正，果香诱人，果实呈鲜红鲜亮的色泽，果肉爽脆多汁，酸甜适中，风味独特。平均单果重240g，口感脆甜，品质上乘。适应性强，具有较强的抗逆能力。

图1-11 红思尼克

图1-12　九月奇迹

5. 九月奇迹

来　源　美国从富士中选育而来（图1-12）。

品种特性　果形端正，黄绿色的斑点点缀着粉红色的片红外观。果个均匀，平均果径为83mm，平均单果重为280g。果实可溶性固形物含量为14%～16%，硬度较大；脆而多汁，果肉白色，无瑕疵；口感甜，有香气。采收前果实着色可达90%以上，相比于普通富士上色较早，色泽艳丽。

6. 米奇拉

来　源　嘎啦芽变品种（图1-13）。

品种特性　果实圆锥形，果点中大，密度中等，为中型果，平均单果重177g。果底色淡黄着橙红色，充分成熟后可全红，无果锈，果面光亮诱人。果肉淡黄色，细脆多汁，香甜可口，可溶性固形物含量为12%～14%，果实硬度为8～10kg/cm^2，8月中旬成熟。

图1-13　米奇拉

7. 鲁 丽

来　　源　由藤牧1号与皇家嘎啦杂交选育而来（图1-14）。

品种特性　果高桩，无袋栽培条件下，果面着色鲜红，片红，着色面积85%以上，且果面光滑，有蜡质。果肉淡黄色，肉质硬脆，汁液多，果实可溶性固形物含量为13.0%，可溶性糖含量为12.1%，可滴定酸含量为0.30%，甜酸适度，香气浓。适应性强，采前不易落果、裂果。综合性状优于中早熟品种嘎啦。

图1-14　鲁　丽

8. 魔 笛

来　　源　由自由与嘎啦杂交选育而来（图1-15）。

品种特性　魔笛花期较母本嘎啦早2～3d，果形端正，高桩，平均横径为77.8mm，纵径为70.9mm，果形指数为0.93。平均单果重210g，最大单果重可达280g。果皮底色为绿色，果皮颜色为全面亮红色和浓红色，果面光洁，果点稀而少。肉质硬脆而多汁，常温条件下储藏15d，冷藏条件下可储藏8个月。

图1-15　魔　笛

9. 灵早红（暂定名）

来　　源　嘎啦芽变品种（图1-16）。

品种特性　果实圆形，高桩，端正整齐。果个大、平均单果重238g，果心较小。果肉白色、致密，汁液量中等。果皮薄，在果皮下有红丝现象。可溶性固形物含量为11.4%～12.8%，7月下旬成熟。

图1-16　灵早红

（二）中熟新优品种

图1-17 秦 丹

1. 秦 丹

来　源　由冒迪和蜜脆杂交选育而来（图1-17）。

品种特性　果实椭圆形，果形端正高桩。免套袋果深红色，着色均匀，果面光洁，果点白色较小。果肉细脆多汁，酸甜适口，果形指数0.94，平均单果重244g。9月中旬成熟。

图1-18 秦 霞

2. 秦 霞

来　源　由凯蜜欧和蜜脆杂交选育而来（图1-18）。

品种特性　果实卵圆形，果形优美，果形指数0.85。果个中大，平均单果重241g，果面鲜红。果个大小均匀，无采前落果现象。果肉浅黄色，质地细脆多汁，酸甜适口。耐储藏，9月中旬成熟。

图1-19 秦 秀

3. 秦 秀

来　源　由蜜脆和长富2号杂交选育而来（图1-19）。

品种特性　果实圆柱形，果形指数0.85，果个大，平均单果重280g。不套袋果实呈黄绿色，果色鲜亮。果个大小均匀。果肉浅黄色，质地脆，汁液多，酸甜适宜。耐储藏，无采前落果现象，9月上旬成熟。

4. 秦 绯

来　　源　由蜜脆和秦冠杂交选育而来（图1-20）。

品种特性　果实近圆形，果形优美，果形指数0.85，果个中等，平均单果重220g。不套袋果实绯红色，着色均匀鲜艳，果粉重。果个大小均匀，果肉浅黄色，质地细脆、无渣，汁液多，酸甜爽口。耐储藏，无采前落果现象，9月中旬成熟。

图1-20　秦　绯

5. 金世纪

来　　源　皇家嘎啦的芽变品种（图1-21）。

品种特性　果实圆锥形，单果重210g左右，果面有棱角。底色绿黄，果面着鲜红色，无锈，有光泽，果粉少，果点较明显，果梗粗短，果皮薄。果肉淡黄色，肉质较硬，脆而致密，汁液多，风味酸甜，有香气，含可溶性固形物15%左右，品质上等。

图1-21　金世纪

6. 蜜 脆

来　　源　从美国引进，由Macoun与Honeygold杂交培育而来（图1-22）。

品种特性　果实圆锥形，果实特大，平均单果重330g，最大为500g。果点小、密，果皮薄，光滑有光泽，有蜡质，果实底色黄色，果面着鲜红色，条纹红，成熟后果面全红，色泽艳丽。果肉乳白色，果心小，微酸，甜酸可口，有蜂蜜味，质地极脆但不硬，汁液特多，香气浓郁。果实极耐储藏，普通冷库可储藏7～8个月，储后风味更好。

图1-22　蜜　脆

11

图1-23 华 红

7. 华 红

来 源 由金冠和惠杂交选育而来（图1-23）。

品种特性 果实长圆形，个大，平均单果重245g，最大可达400g。果梗长，梗洼深，果面光洁，蜡质多，果粉少，果点小而疏。底色黄绿，着彩霞状鲜红色或全面鲜红色及不显著的断续细条纹，外观美丽。果肉淡黄色，肉质细脆，汁液多，可溶性固形物含量为15.1%～16.5%，风味浓郁，有香气。耐储藏，9月上旬至10月上旬成熟。

图1-24 新红星

8. 新红星

来 源 其是元帅系第三代品种（图1-24）。

品种特性 果实长圆锥形，着色全面深红，果面光滑，蜡质厚，果粉薄，具光泽、无锈，果点稀小不明显。梗洼中深中广，有5条不明显的沟纹。单果重150～200g，大果重600g。可溶性固形物含量为12%～13%，果实硬度为9kg/cm²。9月上中旬成熟。

9. 信浓金

来　源　由千秋和金冠杂交选育而来（图1-25）。

品种特性　果实椭圆形，果形端正，果个大，单果重250～350g。果皮底色为黄绿色，着色金黄色，有蜡质光泽，无果锈，果面光滑，外观极美。果肉黄色，硬度高，肉质细脆，汁液多。可溶性固形物含量为14.5%～16.0%，可滴定酸含量为0.45%～0.5%，酸甜适中，有香气，风味上乘。果实耐储藏，不易发面，货架期长，9月下旬成熟。

图1-25　信浓金

10. 美　味

来　源　实生变异品种（图1-26）。

品种特性　果实圆锥形，果面鲜红色，着色面70%～90%，部分果实底色乳黄，上着少数红条纹，外观艳丽，光洁无锈。果肉乳白色，脆而多汁，口感脆甜，酸度较少，果香浓郁，有宜人香气。平均单果重220～280g，可溶性固形物含量为12%～14%。树姿直立，树势中庸，结果早，抗逆性强，丰产稳产，9月下旬至10月上旬成熟。

图1-26　美　味

11. 红将军

来　源　又名红王将，从早熟富士选育出的浓红型芽变品种（图1-27）。

品种特性　果实近圆形，果个大，平均单果重260g，最大为400g。果形较端正，果形指数0.86。果实底色黄绿，果面光洁，无锈，蜡质中多，着鲜红色或全面鲜红色。果肉黄白色，肉质细脆爽口，果肉硬度为9.6kg/cm^2，汁液多，风味酸甜浓郁，稍有香气，品质上等，可溶性固形物含量为13.5%～15.9%，可滴定酸含量为0.32%。耐储藏，9月中下旬成熟。

图1-27　红将军

图1-28　宫藤富士

12. 宫藤富士

来　　源　富士芽变品种（图1-28）。

品种特性　果实近圆形，大型果；果汁多，可溶性固形物含量为14.5%～15%。极耐储藏，在一般条件下可储藏至翌年5月而果肉不绵，果皮不皱；较抗风，抗寒力中等，采前遇雨不裂果。

图1-29　秦　玉

13. 秦　玉

来　　源　由长富2号和蜜脆杂交选育而来（图1-29）。

品种特性　果实近圆形，果形指数0.78，果实中等，平均单果重190g。不套袋果实金黄色具阳晕，套袋果金黄色。果个大小均匀，果肉浅黄色。质地脆，汁液丰富，酸甜适口。耐储藏，无采前落果现象，9月中下旬成熟。

图1-30　玉华早富

14. 玉华早富

来　　源　从弘前富士中选育而来（图1-30）。

品种特性　果实近圆形，果个大，单果重350～450g。果面呈条状浓红，色泽艳丽，果形高桩，整齐度、优果率高。果肉细脆多汁，品质上等，可溶性固形物含量为15%左右，口感与晚熟富士相同。较耐储藏，9月中下旬成熟。

15. 新世界

来　　源　由富士和赤城杂交选育而来（图1-31）。

品种特性　果实近圆形或长圆形，果梗粗短。果个大，平均单果重250g。最大为350g。果面光洁，蜡质层厚，有果粉，着全面浓红色，汁液多，可溶性固形物含量为14%～15%，有香气，肉质硬脆，刚采收时果实稍带涩味。9月下旬成熟。

图1-31　新世界

16. 弘前富士

来　　源　富士实生选育而来（图1-32）。

品种特性　果实近圆形，果形指数0.88，单果重220g～520g，最大为750g。果面底色黄白、条状浓红（条红），着色鲜艳。果肉黄白色，汁液多，甜酸适口，可溶性固形物含量大于15%，硬度为6.8kg/cm²。9月上中旬成熟，套袋果8月下旬可提前采收。果实商品率高，病虫害较晚熟品种轻。

图1-32　弘前富士

（三）中晚熟新优品种

1. 秦　脆

来　　源　由蜜脆和富士杂交选育而来（图1-33）。

品种特性　果实呈圆柱形，端正高桩，果形指数0.84。果个大，平均单果重350g。果实底色浅绿，套袋果着鲜条纹红，不套袋果着深红色，果点小、密、平，果皮薄，光滑有光泽，蜡质厚。果肉淡黄色，肉质脆，汁液丰富，酸甜可口，含糖量达15%以上，可溶性固形物含量为15.81%，酸0.35%。9月下旬至10月上旬成熟。

图1-33　秦　脆

2.绯脆

来　源　是胭脂脆苹果，也就是红富士系列胭脂红品种（图1-34）。

图1-34　绯　脆

品种特性　果实呈圆锥形，果形指数为0.92，平均单果重为212g，最大可达230g。果面光滑洁净，有光泽，果皮薄，有蜡质，果点中大、中密，底色呈黄绿色，免套袋栽培条件下全面着鲜红色，色泽艳丽。果肉呈黄色，硬脆多汁，酸甜适口，可溶性固形物含量为15.2%，果实硬度为8.3kg/cm²，维生素C含量为21.2mg/kg，口感浓郁。无采前落果现象，果实耐储藏，9月下旬至10月上旬成熟。

（四）晚熟新优品种

图1-35　秦　帅

1.秦　帅

来　源　由凯蜜欧和蜜脆杂交选育而来（图1-35）。

品种特性　果实圆锥形，果形端正，萼凹处有五棱突起，果形指数0.86，果实大，平均单果重318g。不套袋果实深红色，着色均匀。果个大小均匀，无采前落果现象。果肉浅黄色，质地细脆多汁，味甜。耐储藏，无采前落果现象，10月中旬成熟。

2. 富士系

来　源　由国光和元帅杂交选育而来。如短枝型的长富3号、宫崎短富、秦富1号、礼泉短富等，生产上对富士的着色系一般统称"红富士"。

品种特性　果实近圆形，有的稍有偏斜，单果重210～250g。果实底色黄绿或绿黄，阳面有红霞和条纹。其着色系全果鲜红，色相分为片红型（Ⅰ系）和条红型（Ⅱ系）两类。果面有光泽、蜡质中等，果点小，灰白色，果皮薄韧；果肉乳黄色，肉质松脆，汁液多，风味酸甜，稍有香气，可溶性固形物含量为13%～15%，品质上等。

3. 瑞　阳

来　源　由秦冠和富士杂交选育而来（图1-36）。

品种特性　红色品种，果实圆锥形，果形指数0.86，平均单果重258g，最大单果重312.6g。果实底色黄绿色，不套袋果实暗红色，套袋果摘袋后着色速度快。果点中密、小，果面光洁，果顶微有棱，果肉黄白色，松脆多汁，五心室，心室开放。果实硬度为7.2kg/cm²，可溶性固形物含量为16.9%，含糖量为11.62%，可滴定酸含量为0.50%。果个大，酸甜适口，香气浓郁，品质接近富士。果面色泽艳丽，可无袋栽培，综合了秦冠和富士的诸多优良性状。

图1-36　瑞　阳

4. 瑞　雪

来　源　由秦富1号和粉红女士杂交选育而来（图1-37）。

品种特性　黄色品种，果形端正，无棱，高桩。果实底色黄绿，无盖色，阳面偶有少量红晕，果点小，中多，白色，果面洁净，无果锈，外观极好，明显优于金冠、王林。果实肉质细脆，汁液多，果肉近白色，有特殊香气。平均单果重296g，果实硬度为8.84kg/cm²，可滴定酸含量为0.30%，可溶性固形物含量达16.0%。

图1-37　瑞　雪

图1-38 瑞香红

5. 瑞香红

来　　源　由秦富1号与粉红女士杂交选育而来（图1-38）。

品种特性　果实圆柱形，果形端正高桩，果形指数0.97。果个大，大小整齐，平均单果重245g。果面着鲜红色，色泽艳丽，容易上色，果面光洁，果点小。果肉细脆，汁液多，香气浓郁。可溶性固形物含量为16.7%，含糖量达17%以上，可滴定酸含量为0.28%。果实品质佳，商品率高，极耐储藏，10月下旬成熟。

图1-39 维纳斯黄金

6. 维纳斯黄金

来　　源　金帅实生后代（图1-39）。

品种特性　果实长圆形，果形匀称周正，高桩，果形平均指数为0.94。果个大，平均单果重247g，最大可达480g。果面在无袋栽培下呈黄色或黄绿色，皮孔少且小，套袋栽培下呈淡黄色，皮孔小。果肉淡黄色，皮薄肉脆、肉质细腻、口感脆爽，糖分含量极高，甜味十足，具有浓郁的清新芳香味，平均可溶性固形物含量达15.6%，果实硬度为7.6kg/cm^2，10月下旬成熟。

图1-40 爱妃（Envy）

7. 爱　妃（Envy）

来　　源　由布瑞本和皇家嘎啦苹果杂交培育而来（图1-40）。

品种特性　果实近圆形，圆润饱满，继承了皇家嘎啦和布瑞本苹果肉白、脆嫩和多汁的优良品质，个大色红，色泽鲜亮，馥郁芬芳，味道甘甜。平均单果重300g，果径为75～95mm，肉质超级紧实硬脆。抗氧化能力较强，10月中下旬成熟。

第二章

建园技术

苹果树是多年生植物，经济利用年限较长，定植一次，多年收益。短枝型苹果树经济利用年限一般在40～50年，矮化苹果树则在25～35年。因此，高标准建园是实现苹果树早产、丰产、稳产、优质、增效的基础。建园内容一般包括园地的选择、果园规划与设计、品种选择与授粉树的配置、栽植技术等。

一、园地的选择

甘肃省灵台县地势西北高、东南低，土层深厚，通透性好，属黄土高原暖温带半湿润气候，海拔在890～1 520m(其中栽植苹果树的邵寨镇、独店镇、西屯镇、什字镇、上良镇、朝那镇、梁原乡、星火乡、龙门乡、蒲窝镇、新开乡11个乡镇海拔在1 100～1 400m)，年平均气温为8.6℃，昼夜温差大，年均降水量为654.4mm，年均日照时数为2 368.8h，全年无霜期169d。灵台县独特的纬度、海拔、气候、交通条件和无污染的自然环境，为苹果产业发展提供了良好条件，是农业农村部划定的黄土高原苹果最佳适生区，也是甘肃省苹果优势区域重点县。

（一）矮化自根砧园地的选择

矮化自根砧苗木主要为须根系，对肥水条件要求很高，果园必须要有水源设施，建立滴灌系统工程，没有水源的地方不能建园。立地条件要好，地势要平坦，坡地或条件较差的地块不适合发展矮化自根砧果园，不利于机械化操作。

（二）矮化中间砧园地的选择

矮化中间砧树势稍强于矮化自根砧。由于双根系对肥水条件要求次于矮化自根砧，水源要求不严，可采用旱栽措施。选择园地时最好为平坦的地势，不要选坡地或沟边地，有水源条件更好。

（三）短枝型园地的选择

短枝型苹果树对肥水条件要求不是很高，树势相对较强，适合范围广，在塬地、坡地、山台地均可建园，无水源情况下都可适应栽培。

二、果园规划与设计

果园的规划与设计主要包括栽植区的划分、道路和建筑物的设置、灌溉系统的规划等。规划前须进行实地勘察，有条件的也可以利用仪器进行测绘，绘制出整个果园的平面图，按图建园。

（一）栽植区的划分

栽植区的大小，要根据园地实际情况来确定。山地自然条件差异大，灌溉运输不方便的，栽植区可小一些。平地管理方便的，栽植区可大一些。

（二）道路和建筑物的设置

道路由干路、支路和小路组成，干路要贯穿全园，并与公路相接，规模化果园四边各留3.5m通道，便于机械化作业以及肥料果品的运送。在山地果园可呈"之"字形绕山而上，上升的斜度不要超过7°。园区主干道路面宽3.5～5m，支路路面宽2～3.5m，小路路面宽2m。

药池和配药场应设在交通便利处或园区的中心；在山地果园，有机肥堆肥点应设在整个园区的最高处；储藏库应设在低处，药物储藏室应设在安全且离水源较远的地方。

（三）灌溉系统的规划、布设

旱地果园的灌溉系统设计，以节水灌溉为方向，矮化自根砧或矮化中间砧苹果园，在果园最高点建立蓄水池。蓄水池大小依据果园面积和水源供应情况而确保每周可滴灌1次，有条件的同时配套加压泵或注肥器等设施。山地果园在果园最高点修筑蓄水窖，解决果园用水喷药与灌溉问题。有条件的可利用机井或提水工程，建立果园渗灌、喷灌、滴灌及微喷灌系统。系统由水泵（或具有一定水压的水塔）、过滤器、压力调节器、输水管道、滴头等组成。输水管道埋在地下，根据行距设置支管道，支管道上留有出水接头。

1. 滴灌

滴灌是通过管道管壁上的特制小孔，以水滴或细小水流缓慢滴入果树根系周围的一种灌水方法，与传统方法相比，可使果园节水40%～50%，节肥30%～60%。

滴灌施肥系统由水泵、动力机、变频设备、施肥设备、过滤设备、进排气阀、流量及压力测量仪表等组成，间隔50～60m布设一条支管。矮化自根砧：选用低流量滴灌管（1.38～3L/h），有条件的可以选用压力补偿式滴灌管，双行铺设，最好能铺设在地布下，减少蒸腾蒸发量。矮化中间砧：选用中型流量滴灌管（2～3L/h），双行布置，两根滴灌管布置间距在50～70cm，有条件的可以选用压力补偿式滴灌管。短枝型：选用大流量滴灌管（2 ～ 3L/h），双行布置，同时两根滴灌管布置间距大于1m。

2. 膜下灌溉

滴灌管铺放于膜下，将加压的水经过设施滤清后进入输水干管—支管—毛管（铺设在地膜下方的灌溉带），再由毛管上的滴水器一滴一滴地均匀、定时、定量浸润果树根系，供根系吸收，称为膜下灌溉。这种方式既具有滴灌优点，又具有地膜覆盖优点，节水增产效果好。

3. 渗灌

在地下铺设管道，每株树的树下管道上有许多孔眼，灌溉水缓缓渗出浸润土壤，称为渗灌。滴灌时毛管的布设应以树干为中心，在树冠的1/3 ～ 2/3 中间，布设呈S形，保证灌水与根际处于最佳状态。

大的示范园区可应用物联网实现对生产过程中数据的实时采集、视频图像的实时监控、对生产过程中异常数据的实时预警，从而实现对水肥的自动配比、自动控制等智能水肥灌溉。

（四）防雹网架设

冰雹是由于强对流天气引起的一种局部性强、突发性明显的气象灾害。其预测难度大、影响范围广，对农业生产极具破坏性。

防雹网（图2-1）是架设在苹果树上空的一种活动设施，具有一定的抗冲击性和良好的透光性，耐老化、重量轻、易于搭建、使用方便，而且还具有防晒、防风、防鸟食的作用。

防雹网的架设按果树行向进行规划，一行树一条网，网面坡度为25°左右；依据行距和网面坡度确定网幅宽度。按主杆距离不能大于70m的原则规划设计。

[主要材料] 长4.5m、直径40 ～ 50mm的钢管或4.5m高的水泥柱，8#、10#铁丝（或冷拔钢丝）及扎丝，水泥，沙子；网材选用农用防护网，质地为白色尼龙网，网孔为长方形 [（0.3 ～ 0.4）cm×（0.6 ～ 0.8）cm] 或菱形（0.5cm× 0.5cm）。可根据需要选择不同幅宽的防雹网。菱形网孔的网长度等于网架长度的138%，长方形、正方形网孔的网长度等于网架长度的105%。

根据果园地形可选屋架式搭架，钢管或水泥柱地上高度4m，地下埋0.5m，间距12 ～ 15m，且呈45°拉斜线牵引，管底焊十字架，并用混凝土固定。管顶焊接屋脊式的等腰三角形，中间高50 ～ 60cm，管与管之间用8#铁丝（或冷拔钢丝）链5道，并用紧线钳拉紧，再用10#铁丝拉网，根据搭架情况，

图2-1　防雹网

将网子用扎丝固定在铁架上。每年4月下旬起架设防雹网，10月底收网。对于矮化果园，也可在设立支架系统的同时，利用水泥支柱搭建防雹网。

　　为了节约资金，可选用简易式防雹网，用刺槐椽作杆，搭建屋脊式防雹网，木椽小头（上端）直径不小于8cm，主杆直径大于16cm，边杆直径大于12cm。使用前，木椽可通过炭化、浸淋沥青、包裹塑料膜等方法做防腐处理。沿树行方向每隔5m用大白粉印一条纵向直线，然后每隔10m印一条横向直线。如果直线离树太近，可适当调整距离，但不能大于50cm，纵向线与横向线的交点就是栽杆的位置。主杆、边杆与副杆要有高度差，形成25°坡度。杆

23

坑深度、地锚深度均为100cm，边杆的地锚坑以地锚线与地面呈45°夹角最好，不能大于75°，顺行铺网。尽量避免网面缝合，每块网四周必须全部缝合在主丝或副丝上，两边顺行向同时缝合，缝合线材料必须与网材相同。杆与杆之间及地埋采用8#铁丝，紧杆拉丝选用10#铁丝，地埋用双道铁丝捆绑大石头置于地埋坑内，并用土夯实。

三、立架搭建

营养沟回填后，应及时设立支架，沿果树栽植行每10～15m设立粗14cm×14cm的水泥支柱，或用长4m、粗60cm的钢管设为支柱，埋地深度0.8m，露地高度不低于3.5m，支架底座需用混凝土固定。在支架距地面0.4m、1.2m、2.8m处拉三道铁丝，每行两端用拉线和地锚固定。简易支架每株设立竹竿固定植株，即在苗旁栽植高2m的竹竿。设立支架的主要作用是校正苗干使其端正，保持苗木中心干绝对顶端优势。

四、授粉树配置

苹果树为异花授粉结实树种，绝大多数品种自花不实，即使有自花结实的品种，坐果率也不能满足丰产需要。为了使新建果园高产、稳产，在选定主栽品种后，要合理地配置授粉树。

（一）授粉树的标准

授粉树要与主栽品种授粉亲和力强，能相互授粉；授粉品种花粉量大，花期长，开花时间略早于主栽品种，树体长势、树冠类型基本相似；授粉品种果品质量好，经济价值高，最好与主栽品种成熟期一致。常见的苹果品种适宜的授粉树见表2-1。

表2-1　苹果常见品种适宜的授粉树

主栽品种	适宜授粉树品种
瑞阳、瑞雪、秦脆、瑞香红	秋实或专用授粉海棠，也可选用富士系、嘎啦系、元帅系等
红富士	金世纪、丽嘎、瑞阳、王林、元帅系品种
短枝红富士	瑞雪、新红星、首红、超红

（二）授粉树配置比例及方式

主栽品种与授粉树品种的比例一般为5∶1，也可每5～8株配备一株专用授粉树或海棠。另外，要注意多倍体品种，如乔纳金，因其自花花粉发芽率低，最好配置2个以上授粉品种，以便相互授粉。

1. 行列式配置

适用于规模化果园，每隔5行主栽品种，栽植1行授粉品种。

2. 中心式配置

适用于小面积果园，每隔5株主栽品种，栽植1株授粉树。

3. 边界式配置

适用于所有类型果园，在果园地外围栽植一圈海棠，提高授粉率，美化环境。

五、栽前准备

（一）栽植密度

依据不同的立地条件，科学选择株行距栽植，便于通风透光和机械化操作。

1. 矮化自根砧

株行距为（1.0～1.5）m×（3.5～4）m，每亩*栽植111～191株。

2. 矮化中间砧

株行距为（1.5～2）m×4m或2m×（2～4）m（宽窄行），每亩栽植83～111株。

3. 短枝型

株行距为（2～3）m×（4～5）m，每亩栽植45～84株。

（二）开挖定植沟穴与施肥

1.创造幼树肥沃土壤富集层

果园规划放线后，先开挖宽、深各100cm或80cm的沟槽，然后在沟槽施入腐熟的有机肥（羊粪、鸡粪、猪粪），每亩按4～5t用量施入（图2-2），用挖掘机将表层土20～30cm回填入沟槽内。定植沟填好后，必须浇水将沟渗实（图2-3），以免栽植时出现苗木吊根，影响成活。

---

* 亩为非法定计量单位，1亩≈667米²。——编者注

图2-2 营养沟开挖及施肥

图2-3 回填、浇水

2. 常规开挖

开挖定植沟穴，要求沟穴长、宽各100cm，深80cm（图2-4）。上下土壤分开放置，回填时首先填入表土，填土距地面30cm处时混入磷肥每株2～3kg，或土粪30～50kg，与土壤充分混合，定植穴填好后，必须用水将穴闷实，以免栽植时出现苗木吊根，影响成活。

图2-4 开挖栽植穴

（三）苗木假植

苗木在苗圃地起苗到栽植不能超过3d，3d内不能栽植完的苗木必须进行假植处理。在假植期间，要经常检查苗木根系处土壤湿度状况，如果湿度过大，已出现霉腐现象，就要重新倒翻假植；如果湿度不够可适量浇水。假植好坏会直接影响苗木的成活和生长。

假植前，去掉苗木全部叶片，防止叶片蒸腾或风吹引起苗干失水。苗木假植时，选择背风向阳、地势平坦的地块，根据苗木数量多少先挖一个宽、深各100cm的沟槽，挖出的沟土放在苗木准备倒向的一方，将土修筑成一个斜坡（图2-5）。然后，把苗木在沟内散开先放置一层，苗干倾斜45°，根系舒展后回填细土，使土壤充分进入根系部位。土填至苗木根颈上20cm时浇水，水不宜太多，过多

图2-5 苗木假植

积存会引起根系腐烂，但也不能过少，以使土壤与根系紧密结合为宜。然后填土，直到苗木外露40cm左右为止。一层埋完后再埋第二层，这样一层一层往外延伸假植。

六、苗木栽植

（一）栽植时间

依据灵台县的气候特点，矮化苹果苗木最好在4月上旬开始栽植，4月中旬完成栽植任务。

（二）栽植行向

栽植行向最好采用南北行向，使树体截获更多的阳光（比东西行高10.8%～13%），更有利于密植条件下实现苹果高产优质。在一些特殊地块和受立地条件限制的地块，可采用东西行向栽植。

（三）苗木处理

1. 消毒

外地调入的苗木，栽前需用3～5波美度石硫合剂药液喷布苗木的根、干，进行消毒。

2. 分级和修整

按照苗木的规格、根系优劣进行分级。选用优质壮苗，同级苗木整块栽植，保持园貌的整齐。在分级过程中，对根系进行修剪，剪去主根系2～4cm、须根系1cm，对放置后苗木出现的根系褐变腐烂要全部剪掉。

3. 浸泡与生根粉处理

由外地调入和储藏中失水的苗木，栽植前必须在清水中浸泡10～12h（图2-6）。清水浸泡后用生根粉按比例浓度蘸根（图2-7）。

4. 泥浆蘸根

生根粉处理后用泥浆蘸根（图2-8）。调制泥浆不要太稀，也不要太稠，以根系能带上足够泥浆为原则。

图2-6　苗木根系浸泡

图2-7 生根粉蘸根 图2-8 泥浆蘸根

（四）苗木栽植

1.矮化中间砧苗木栽植

矮化中间砧苗木因栽植较深，往下地温降低，上部温度回升快，易出现上下生长失调，成活率低。可采用深坑浅栽技术进行栽植（图2-9）。具体为：将苗木品种嫁接口朝南放入开挖的沟（穴）内，前后左右对齐，使根系舒展，随填土随提苗随踏实。栽植深度以苗木品种嫁接口外露地平面5cm为宜（即矮化中间砧外露地平面1/5），埋土深度以苗木中间砧全部外露（将苗木基砧埋完踏实并浇足定根水）。定植成活后第二年将矮化中间砧用土回填4/5，以苗木品种嫁接口外露地平5cm为宜。

矮化中间砧苹果苗栽植后，树下形成20cm左右的深坑或沟槽，露出基砧与矮化砧木嫁接口。每株灌水30～50kg，待水渗完后覆膜，形成一个"锅底"或沟槽，有利接收雨水和保持水分。

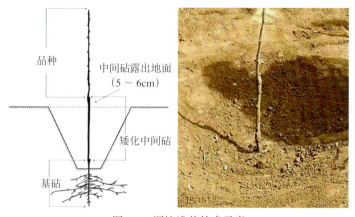

图2-9 深坑浅栽技术示意

2. 矮化自根砧苗木栽植

沿定植行，按要求的株距开挖栽植坑（穴），下面回填入少许细土，使中间稍微鼓起来；将苗木品种嫁接口朝南放入开挖的坑（穴）内，手握苗木主干轻轻拨动，前后左右对齐，使根系舒展，随填土随提苗随踏实。栽植深度以自根砧外露地平面5cm为宜。栽好后，在苗木周围整好锅底形树盘，灌透水，水下渗后立即培土覆膜。

3. 短枝型苗木栽植

把苗木放入开挖的沟（穴）内，苗木品种嫁接口向南，前后左右对齐，使根系舒展，随填土随提苗随踏实。埋土深度以品种嫁接口露出地平面5cm为宜（特别注意苗木周围土壤要踏实，以免浇水后土壤随苗下陷导致栽植过深）。栽好后，在苗木周围整好锅底形树盘，灌透水，水下渗后立即培土覆膜。如图2-10所示。

图2-10　苗木栽植

七、栽后管理

（一）定干套袋

苗木栽植后立即进行定干套袋（保苗袋）。短枝型品种，壮苗在根颈部以上80～100cm半饱满芽处定干，弱苗在饱满芽处定干；矮砧苗木依据其强壮程度区别对待，对于三年生大苗，嫁接口以上10cm处、苗干粗度1.5cm以上、苗高1.5m以上可轻打头，仅去除粗度超过主干直径1/4的大侧枝；对于二年生苗木，在饱满芽处定干。定干后用保护剂涂封剪口，及时保护苗干（套保苗袋或用猪油涂干），防止苗干失水抽干。如图2-11、图2-12所示。

图2-11 定 干

图2-12 套保苗袋

（二）覆膜

苗木定干后用120cm宽的地膜覆盖树盘或树行。覆膜时要压实地膜边缘，苗木地茎开口处用土封实（图2-13）。

（三）剪角通风除袋

套袋后随时观察苗木发芽情况，当苗干有2/3芽萌发后，最高气温高于25℃时，将保苗袋上端剪去一角通

图2-13 覆 膜

气炼苗，在新萌发芽长至2cm以上时，于下午5时后或阴天除去保苗袋。

（四）抹芽

春季萌芽后及时抹除定干剪口下2、3、4芽，减少竞争，保证主干延长头充足营养。主干下部距地面20～30cm的萌蘖抹除，主干上其余萌发的分枝全部保留，有利于促进新植幼树根系快速生长，扩大根系量，当枝长20cm时摘心，控制长势。

（五）适时浇水

春季一般旱情较重，放苗15～20d后，根据土壤墒情适时补浇一次水，每株浇水25kg左右，以防苗木枯死。浇水时轻轻揭开地膜，待水渗完后重新覆好地膜（图2-14）。

图2-14 适时浇水

第三章

老果园改造与品种更新换优技术

果业生产过程中，部分苹果园存在品种不对路或老化，树势衰弱，果实产量低、品质差，管理不善和病虫危害导致果园缺株断垄严重等问题。为了适应现代苹果产业发展，推进苹果产业健康、持续发展，按照分类施策的原则，可有计划地通过重茬建园、改造嫁接等对部分老旧果园进行品种更新换优和改造提升。

一、老果园重茬建园技术

（一）一次性更新建园技术

1. 园地整理

对于已失去保留价值的残败乔化老果园，可进行一次性更新建园。秋季将原果树全部挖除，同时将枝干、落叶及残根清出果园。然后，用深翻犁全面深翻土壤，边深翻边清理土壤中所有残留根系，晾晒 3 ~ 5 个月，以减少害虫虫体及虫卵和腐烂病、轮纹病等病原菌的存活及繁殖。全园撒施有机肥，每亩不少于 3 ~ 5t。

2. 园地规划

老果树残根清理干净后，平整土地，统一进行规划。尽量避开原栽植行，选择适宜品种和密度进行规划标示。

3. 开挖营养槽（定植沟）

冬季前，依据规划标示点线开挖宽 100cm、深 80cm 的沟槽，生土熟土分开放置。春季熟土回填营养槽底部，然后按每亩 4 ~ 5t 腐熟的有机肥（羊粪、牛粪等）施入营养槽，与填入的熟土混匀，再将生土回填入沟槽内。有条件的灌水沉实，以免栽植时出现苗木吊根，影响成活。

4. 土壤处理

有条件的地方可将开挖营养槽挖出的土壤移出园外，利用客土的方法将其他地方非果园干净的地表土拉运填到开挖的营养槽（穴）内。无换土条件的果园，可对土壤进行消毒处理。

可采用棉隆、威百亩等土壤杀菌剂或高锰酸钾等强氧化剂进行土壤消毒处理。选用棉隆时，要求土壤相对含水量在 80% 左右，在定植行（1 ~ 1.5m）按照 120g/m^2 用量进行撒施，旋耕 2 次，深度不低于 30cm，充分混匀。施用后立即用厚度不低于 0.04mm 的塑料薄膜进行覆膜，保持四周密闭不透气。幼树定植前 15d 左右，揭膜透气，通风透气 7d 后，旋耕 1 次，充分挥发药剂残留。春季地温较低，棉隆降解较慢，可采取上一年冬季进行熏蒸处理的方法，效果较好。如土壤残留较多，可提前 7d 浇水，促进棉隆降解。可用小麦种子进行发芽试验，验证杀菌剂有无残留。选用威百亩时，要求土壤相对含水量在60%以上，按照每亩35%制剂20kg兑水成500kg稀释液（或42%制剂每亩15kg兑水成500kg稀释液）的用量，采用条沟或者滴管施用。施用后立即用厚度不低于0.04mm的塑料薄膜进行覆膜，保持四周密闭不透气。幼树定植前15d左右，揭膜透气，通风透气7d后，旋耕1次，充分挥发药剂残留。栽植前可用高锰酸钾进行土壤处理，将80g高锰酸钾（土壤重量的0.1%浓度）与40cm³的树穴土充分混匀，然后浇2次透水，间隔3d，翻晒后定植幼树。

5. 品种、授粉树、砧木选择

主栽品种可选用秦脆、鲁丽、瑞雪、信浓金、维纳斯黄金、爱妃等新优品种，合理配置授粉树（海棠专用授粉树或其他品种）。更新的果园，不做土壤改良，可选用美国G系等抗重茬性能较好的砧木。一般以（1 ~ 1.5）m×（3.5 ~ 4）m的株行距规划的果园，选用二至三年生矮化自根砧脱毒壮苗，亩栽111 ~ 190株。

6. 栽植

（1）栽植时间。依据甘肃省灵台县气候特点及近几年矮化果树栽植时间经验，为提高成活率和生长势，矮化苹果苗木在4月中下旬栽植。

（2）苗木处理。

[消毒] 对调入的苗木，栽前用3 ~ 5波美度石硫合剂药液喷洒根、干消毒。

[分级和修整] 按照苗木的大小、根系的好坏进行分级。尽量选用优质壮苗，若优质苗不足，也要优劣分栽，保持园貌的整齐。在分级过程中，对根系进行修剪，剪去主根系2 ~ 4cm，须根系1cm，褐变腐烂的苗木根系全部剪掉。

[浸泡与生根粉处理] 苗木栽植前，必须在清水中浸根补水10 ~ 12h，浸泡后用爱多收或生根粉按使用说明书要求浓度蘸根。生根粉处理苗木后用泥浆蘸根，以根系能带上足够泥浆为原则。

（3）苗木栽植。矮化中间砧苗木由于栽植过深，随深度增加地温降低，上部温度回升快，出现上下生长失调，成活率低现象。春季定植时，可采用深沟浅栽技术。把苗木放入50 ~ 60cm沟（穴）内，前后左右对齐，使根系舒展，随填土随提苗随踏实。埋土时深度以苗木中间砧全部外露为宜（将苗木基砧嫁接口露出），埋完踏实并浇足定根水。定植成活后当年秋季将矮化中间砧用土回填4/5，以苗木品种嫁接口露出地面5cm为宜（即矮化中间砧露出地面1/5）。甘肃省灵台县矮化中间砧入土深度为4/5；矮化自根砧苗木矮化砧外露8 ~ 10cm。矮化砧不能外露过多，这是旱地矮化栽植成功的关键。

（4）苗干保护。苗木栽植后，依据苗木高度或分枝情况定干或轻打头，及时涂抹伤口愈合剂。

7. 栽后管理

矮化中间砧苹果苗木栽植后，树干下地面形成20cm左右的深坑或沟槽，露出基砧嫁接口。每株灌水20～30kg，待水渗完后覆膜，用宽1m的白色地膜进行双道覆盖，坑内轻轻抚平，地膜中间交接处10cm用土压实，树干下培少量细土，同时压好地膜边缘，形成膜坑或膜沟槽，有利于提高地温、接收雨水和减少水分蒸发，提高成活率。

（二）先栽后挖改造技术

为保证果园面积不减少，避免果农弃园改种其他作物，对于还有一定产量的差园进行整改，可采用先栽后挖技术进行改造。

1. 老果树缩冠

结合冬剪，对老果树进行缩冠处理，行间主枝回缩到1m以内，结果枝组也要进行适当回缩。

2. 放线规划

以老果园行间中线为更新栽植建园的定植中线，进行统一规划放线。

3. 苗木栽植

开挖营养槽、土壤处理、施肥及回填、抗重茬砧木选择、品种选择、栽植技术等参照一次性更新建园技术进行。

4. 栽后管理

参照一次性更新建园技术进行。

5. 区分管理与老树挖除

对新植幼树加强管理，重点保证成活率与旺盛生长，及时培养分枝与构建树体结构。原老果树利用结果增加效益，逐年缩冠打开行间空间，结果后2～3年拔除。

二、品种更新换优改造技术

（一）品种选择

可选择适合灵台县气候条件，市场前景看好的秦脆、鲁丽、瑞雪、爱妃、瑞香红、维纳斯黄金、信浓金、大卫嘎啦等新优品种和短枝型富士优系。

（二）接穗采集

苹果接穗应于12月下旬至翌年2月上旬休眠，树液流动前结合冬剪采集，要在品种纯正、树体健壮、丰产优质的结果树上采集。选择芽体饱满、枝条充实、无病虫危害的一年生枝条，枝条基部粗度0.8cm左右为宜。

（三）接穗储藏

采集下的接穗每50或100枝打捆，制作标签标记品种。可选择背风阴凉的地块沙藏，中间留透气孔，用土埋严。也可用冷库储藏，冷库温度为−0.5～0℃，湿度保持在80%以上。

（四）嫁接时间

灵台县苹果树品种更新换优宜在4月中旬进行。此期气温高，树液已流动，枝干形成层易分离，伤口愈合快，嫁接成活率较高。

（五）嫁接种类与方法

1.矮砧果树高位嫁接

进行矮砧果园品种更新换优时，要适当抬高嫁接位点，在树体距地面40～50cm处截断主干，在断面上采用枝接（皮下接）技术，根据主干粗度选取一个长接穗，2～3个短接穗，然后将2个短接穗蹲靠嫁接在长接穗中部，再用接树膜严实包扎好嫁接口。接后接穗涂愈合剂或套塑料袋保护。

2.乔化树改造技术

（1）单枝单芽贴干定位嫁接。对四至八年生乔化果树，通过更换品种，由乔化大冠形转为短枝小冠紧凑型。可采用隔株或隔行通过单枝单芽贴干定位嫁接的方法，树干截留高度2.5～3.0m，主枝截留长度5～8cm。无主枝的主干嫁接，按间距10cm螺旋排列定位嫁接，采用舌接、插接、切腹接等技术，每位点接一枝，每枝段一个芽。嫁接树成型结果2～3年后，再改造剩余植株。

（2）1长2短插靠嫁接（图3-1，图3-2）。对六至十二年生乔化大树，在树体主干距地面30cm处，采用插皮接技术，在嫁接部位截去上部，断面上插接三根枝条（1长2短）。对于嫁接好的断面，用一大块塑料片或较大的塑料袋套严扎紧，避免断面和接穗相交处进水。3个枝条下面分别插接在断面对等位置，然后将两个短枝接穗靠接在长接穗中部，再用接树膜严实包扎好嫁接口。

图3-11　1长2短插靠嫁接

35

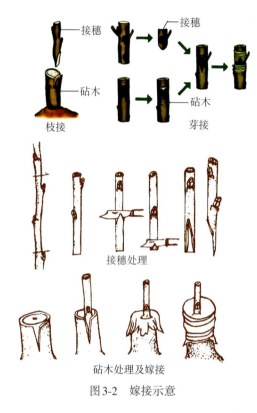

图3-2　嫁接示意

（3）2长2短并棒形嫁接。在树体主干距地面30cm处截去上部，断面上插接2个新优品种长接穗和2个普通品种短接穗。分别嫁接的4个断面位置，长接穗顺着行向，4个接穗插接后，短接穗蹲靠嫁接在长接穗中部，再用接树膜严实包扎好嫁接口，最后将2个长接穗顺着行向拉开，培养并棒形结构，形成1个主根系2个树体。

（4）先插后靠分期嫁接。为解决技术难度与种条紧缺问题，在树体主干距地面30cm处，采用插皮接技术，嫁接部位截去上部，断面插接3个短接穗，用接树膜严实包扎接口。待6～7月枝条长至40cm时，将2个短弱枝及时靠接在长旺枝上。

3. 配套管理

（1）及时抹芽。嫁接后，对于砧木上发出的原品种芽要及时抹除，保证养分集中供应接穗，这是提高嫁接成活率的关键措施。

（2）接穗锻炼。接穗发芽后，及时将塑料袋撕开小口，让接穗锻炼几天后再将套袋完全除掉。

（3）及时松绑。嫁接成活后，接穗进入旺盛生长期，将绑扎物适度松开，避免其将嫁接愈合部位勒伤。

（4）设立支柱。在绑扎物松开的同时，在枝干基部设立支柱，将接穗固定，防止大风将其劈裂。

（5）施肥促长。对嫁接改造的果园，接穗成活后，在原树冠四周挖宽、深20cm的环状沟，株施优质复合肥0.5～1kg促长。以后间隔20～30d，连续追施3次肥料。

（6）病虫害防治。做好锈病、早期落叶病、蚜虫、卷叶蛾、红蜘蛛等病虫害的防控，保证接穗旺盛健壮生长。品种更新换优嫁接后树体伤口较多（大），容易造成腐烂病菌侵入，注意喷施保护药剂。

第四章
果园土肥水管理技术

土肥水管理是果树生产的重要管理措施，是果树正常生长发育、高产优质的基础。只有加强土肥水管理，改善土壤耕性，提高土壤肥力和蓄水保墒能力，为果树生长发育提供良好的条件，才能保证苹果高产优质。

一、土壤对苹果树生长发育的影响

（一）适合苹果生长的土壤条件

适合苹果树生长的土壤条件为土层深厚且在1m以上；土壤固、液、气三相物质比例适当，通气透水良好，地下水位较低；质地疏松，保肥、保水能力好；温度适宜；土壤中性或微酸（pH 6.6～7），酸碱度适中；有效养分含量高，不含有害物质（如氯化钠、碳酸钠等），土壤含盐总量不超过0.3%。

（二）灵台县苹果树栽植区土壤条件

灵台县苹果栽植区的土层厚度在100m以上，主要是黑垆土和黄绵土。其中，黑垆土分布在邵寨、蒲窝、新开等乡镇，黄绵土分布在独店、西屯、什字、上良、朝那、龙门、梁原、星火等乡镇。土壤营养丰富，有机质含量在1.0%以上，有利于苹果树营养吸收，增强了树体的抗逆性；土壤排水良好，有利于苹果树根部的呼吸及水分排出，防止根部腐烂。

二、矮化苹果树根系结构

（一）矮化自根砧的根系结构

自根砧（图4-1）的根系属茎源根或分蘖根，须根多，根系浅，根系发达，没有明显的主根，固地性较差，对土壤条件要求高，矮化性好，植株整齐，采用水肥一体化技术栽植效果更好。

（二）矮化中间砧的根系结构

矮化中间砧果树根系由中间砧根系、基砧根系两部分组成（图4-2）。相对于自根砧来说，主根粗壮，须根不发达，栽后2～3年入土中间砧生根，树势转旺。由于基砧根系发达，固地性强于矮化自根砧，抗旱性较强，容易生根，对土壤和环境的适应性较强，但植株的整齐度差。

图4-1 自根砧的根系

图4-2 中间砧的根系

（三）短枝型品种的根系结构

短枝型品种的根系有水平根和垂直根。在水平方向上，果树吸收根系主要分布在冠径1/3 ～ 2/3处；在垂直方向上，果树吸收根系具有成层分布的特点，主要分布在20 ～ 50cm深的土层中。树冠投影外缘下的根系分布密度最大，占总根量的70%以上。

三、土壤管理

（一）果园覆盖

1. 地膜覆盖

三年生及以下的果园，在果树行内保留宽度为1.5 ～ 2m的营养带，使用宽度为120cm的黑色或白色地膜覆盖树盘，降低土壤水分蒸发，提高地温，抑制杂草生长，减少地下越冬害虫出土，减轻病虫害发生。覆膜前，平整果树行内地面，然后铺展地膜，接口和边缘压实，果树地茎开口处用土严密封闭。

2. 地布覆盖

把树盘内土壤整成圆凸状的弓形带，用宽1.2 ～ 1.5m的地布进行覆盖，地布边缘和树干附近用泥土封闭、压实，确保地布能够阻止土壤中越冬害虫出土，形成局部微环境，降低病菌在土壤中的繁殖和侵染程度。地布具有较好的透气性和透水性，有利于果树根系生长发育，具有较好的抗机械操作性和拉伸强度，耐踩踏，不影响田间作业，使用寿命可长达5年，不需年年更换，降低果园管理成本。

3. 有机物覆盖

（1）秸秆覆盖。在四年生以上的果园中，可推行秸秆覆盖。初次覆盖时，每亩所需秸秆量为1 000 ～ 1 500kg，之后每年秸秆用量降至600 ～ 800kg，覆盖厚度一般为15～25cm。秸秆可选用麦草、麦糠、玉米秸秆等材料，也可使用其他杂草。玉米秸秆需用揉丝机破碎或铡成10cm小段，覆盖后在其上方铺撒少量细土压实。

为解决秸秆覆盖后果树暂时缺氮问题，每亩须比常规多施尿素15～20kg。连续覆盖3～4年后，可以将秸秆翻入地下，1～2年后，再进行新一轮覆盖。

秸秆覆盖能保持土壤湿度，有利于植物生长；增加土壤有机质含量，提高土壤肥力；改善土壤物理和化学性质，优化团粒结构；调节土壤酸碱度，防止盐碱化；使土壤温度变化趋于平缓，保障果树生长稳定；抑制杂草生长。

（2）枝条或锯末覆盖。

[枝条覆盖] 选取直径2～4cm的当年生或二年生枝条，切割成长5～10cm的小段，均匀地覆盖在树盘或行间。每亩需用枝条2 000～3 000kg，厚度为10～20cm。覆盖过程中，需确保地面平整，枝条铺展，上方撒少量细土压实。枝条覆盖可提高土壤有机质含量，改善土壤理化性质，促进根系生长。

[锯末覆盖] 利用锯末进行覆盖，厚度为2～3cm。覆盖前须将锯末与适量果园土混合均匀，避免锯末被风吹散。锯末覆盖能增加土壤有机质，改善土壤结构，减少杂草生长。

（二）行间生草

在果树行间种植草本植物覆盖地面，改善果园小气候，降低土壤容重，增强土壤渗水性和持水能力，抑制果园水土流失，促进果树生长发育，提高苹果产量和品质。

每年5～8月，在果树行间每亩施入50kg磷肥和7.5kg尿素，用旋耕机整平地面。每亩果园选用1.5～2.0kg黑麦草或三叶草等草本植物种子，将其拌入适量沙土撒播在地表，然后用钉耙耙糖或轻耧，待种子发芽、出土生长。

当果树行间生草高度达到30cm时，进行人工刈割，留茬高度约8cm。全年刈割4～8次。割下的草覆盖在树盘上或结合施肥压入施肥沟内。若生草蔓延树盘下，应间隔1～2年翻动树盘，留出清耕带。清耕带宽度随树冠扩大而扩大，在60～200cm范围变动。

（三）间作套种

在幼龄果园行间内选择适宜的经济作物间作套种，有利于土壤覆盖、水分保持、防止土壤侵蚀以及减少杂草侵害。一般可选作物应满足以下条件：一是选用生长期较短、吸收肥水较少的作物，确保其大量需肥需水的时期与果树生长周期错开；二是选用植株矮小、不影响果园通风透光的作物；三是选用能提高土壤肥力、改善土壤结构的作物；四是选用病虫害较少且与果树无相同病虫害的作物；五是选用具有较高经济价值的作物。

四、土壤改良

深度翻耕和施用有机肥料是改善土壤状况的关键举措。

（一）深翻改土

果树栽植前开沟深翻，放入秸秆、绿肥或有机肥。果树栽植后，结合生草、施肥，深翻行间，施入有机肥料，可以提高土壤肥力和微生物活性，促进团粒结构的形成，使紧密的土体变得细碎疏松，改善行间土壤的通气和排水性。在深翻的同时，要注意不要伤及树根，以免影响果树的正常生长。同时，深翻后要及时浇透水，以沉实土壤。

（二）增施有机肥

选择腐熟的农家肥、畜禽粪便、绿肥等有机肥，结合实际生产情况，在苹果树的生长季节，采用条状沟施肥法将肥料埋入果树行间。施肥深度抵达根系下部1/2处。控制施肥量根据苹果园的实际挂果情况和果树的需求，每亩地控制在2 000 ~ 3 000kg。在施有机肥时要参考配合化肥使用情况，选用不同类型有机肥料。

（三）绿肥

在果树的生长周期内，选择紫云英、豌豆、蚕豆等豆科、十字花科植物作为绿肥品种，结合种植密度要求确定播种量，通过条播、撒播的方式间作在果树行间。这些绿肥作物可以在生长期内固定空气中的氮素，增加土壤中的氮素含量，同时可以提高土壤的通气性和渗透性，有利于果树的生长。种植绿肥作物，要注意合理安排种植时间和方式，确保绿肥作物与果树对养分的需求不冲突，充分保证果树正常生长。

（四）微生物菌肥

每亩果园每年施入质量合格的微生物菌肥50 ~ 100kg，增加土壤中的养分利用率，促进果树生长和发育。微生物菌肥主要有以下作用：一是增加土壤肥力，各种自生、联合、共生的固氮微生物肥料，可以增加土壤中的氮素来源。多种解磷、解钾微生物的应用，可以将土壤中难溶的磷、钾分解出来，从而能为作物吸收利用。二是许多用作微生物肥料的微生物还可产生植物激素类物质，能刺激和调节作物生长，使植物生长健壮，营养状况得到改善。三是对有害微生物起到生物防治作用。由于在作物根部接种微生物，微生物在根部大量生长繁殖，形成作物根际的优势菌，限制了其他病原微生物的繁殖。同时，有的微生物对病原微生物还具有抵抗作用，起到了减轻作物病害的功效。

五、苹果主要营养元素

植物生长发育所需营养元素有16种，其中，碳（C）、氢（H）、氧（O）从空气和水中获取，氮（N）、磷（P）、钾（K）、钙（Ca）、镁（Mg）、铜（Cu）、铁（Fe）、锰（Mn）、锌（Zn）、硼（B）、硫（S）、钼（Mo）和氯（Cl）矿质营养元素须通过根系从土壤中吸收。

苹果对各类营养元素的吸收量有所不同。以每100kg鲜果为例，需纯氮0.43kg、有效磷0.13kg、速效钾0.41kg；每生产100kg鲜叶则需纯氮1.63kg、有效磷0.18kg、速效钾0.69kg。施肥过程中，要参考果树需肥量合理配置施肥量，避免元素含量过高或过低，破坏果树营养平衡，出现缺素症或多素症，进而引发果树生理性病害。

（一）氮的生理作用及盈亏症状

1.生理作用

氮元素在果树生长过程中具有重要作用，适量供应有助于促进果树生长，使叶片浓绿、肥厚，提高光合作用效率，增加光合产物，并对果实坐果和增大有益。

2.盈亏症状

氮元素不足时，叶片会变得小而色泽较淡，新梢嫩叶呈现黄色，叶脉和叶柄呈红色，枝条基部叶片黄化，并逐渐向上蔓延，严重时甚至导致落叶。氮素不足还可能导致枝条细弱、短小，呈现红褐色，花芽数量显著减少，难以形成花朵和果实，果实也变得较小，提前上色和成熟，色泽暗淡不鲜艳。在开花坐果期，氮素供应不足可能导致大量落花落果。氮元素过多时，可能导致植株旺长、徒长，大量消耗有机营养，进而影响果树花芽分化，降低果实品质，诱发果实病害，树体更容易遭受冻害。

3.防治方法

为防治氮素缺乏，可及时施用尿素、硝酸铵等氮素化肥。

（二）磷的生理作用及盈亏症状

1.生理作用

磷元素在植物生长过程中发挥着重要作用，其对花芽分化、根系发育、果实成熟等具有显著的促进作用。适量磷元素可促使植物提早开花结果，增强抗逆性，提升果实品质，增加色泽；有利于果实糖分积累、硬度增大，增强储藏性，以及增加单果重。

2.盈亏症状

磷元素过多可能会影响果树根系对锌、铜的吸收，导致缺锌、缺铜症状，同时会对氮、铁的吸收产生影响。当磷元素供应不足时，果树叶片会呈现较小、紫红色斑点，叶柄及叶背的叶脉亦呈紫红色。早春或夏季生长快速的枝叶呈红色，新梢末端的枝叶尤为明显。严重缺磷时，老叶会变为黄绿色和深绿色相间的花叶状，有时表面产生红色或紫红色斑块，叶缘出现半目形坏死斑，甚至导致叶边焦枯、叶脱落。磷元素缺乏还会影响新梢、根系生长，导致枝条细弱、分枝少、植株矮小。此外，果实品质降低，色泽不鲜艳，含糖量减少，花芽形成不良，抗逆性减弱，植物易受冻害。

3.防治方法

果树缺乏磷元素，可以通过叶面喷布0.3%～0.5%过磷酸钙，以及在根系分布层施磷肥的方式进行防治。

（三）钾的生理作用及盈亏症状

1.生理作用

钾元素对新梢成熟、提高抗逆能力、促进果实生长发育等具有积极作用。在果实中，钾元素含量较高的苹果对钾的需求量巨大，尤其是在结果期和高产树上。

2.盈亏症状

过多的钾元素会导致果树对其他必需元素如氮、镁、钙、铁、锌等的吸收和利用受阻。钾元素过量时，果实表皮会变得厚实、硬度降低、耐储藏性下降。相反，钾元素不足时，新梢中、下部叶片会出现病症，表现为叶尖和叶缘从紫色渐变为褐色枯斑，叶片萎缩。严重缺钾时，整叶焦枯，但叶片不易脱落。轻度缺钾条件下，叶片亦出现焦枯现象，仍可形成小花芽，多数能开花结果，但果实较小、色泽较差。

3.防治方法

防治果树缺钾，可在生长季节追施草木灰、磷酸二氢钾、氯化钾、硫酸钾、硝酸钾等钾肥；叶面喷施3%～10%草木灰浸出液，其他钾肥浓度为

0.3%～0.5%；同时，增施有机肥料，确保氮磷钾比例合理。

（四）钙的生理作用及盈亏症状

1.生理作用

钙元素对幼根和幼茎的生长具有促进作用。果树钙主要分布于根和茎部。此外，钙对果实品质具有影响，能够延缓细胞分解和衰老，推迟成熟，并延长储藏寿命。

2.盈亏症状

果树钙含量过高，会由于元素间的拮抗作用而影响对铁等元素的吸收和利用。当钙含量轻度不足时，新根生长早停，根系短而粗。严重缺钙时，新生幼根从根尖向后逐渐枯死，随后在枯死处后方长出新根，形成粗短且分枝多的根群。

果树缺钙时，幼叶叶片较小，嫩叶上出现褪绿色至褐色坏死斑，幼叶边缘向上卷曲。严重时，叶片出现坏死组织，边缘变成棕褐色焦枯状。枝条枯死、花朵萎缩。果实缺钙，易患苦痘病、水心病等生理病害。缺钙果实细胞间黏结作用消失，细胞壁和中胶层变软，细胞破裂，储藏期果实易变软。

3.防治方法

一是调整栽培管理措施，包括增施有机肥，肥料均衡配合；防止偏施氮肥，避免施铵态氮肥，可施用石灰质肥料如石膏、过磷酸钙、钙镁磷肥等，控制化学肥料用量，避免一次施肥过多；改善土壤管理，促进根系生长，细致修剪，适当夏剪，控制枝叶过旺生长；及时灌溉，防止土壤干旱，雨季及时排水。二是生长期喷钙，果实补钙主要靠喷施钙肥，如硝酸钙、氯化钙和螯合钙。苹果果实吸收积累钙的时期主要在幼果期，果实发育后期也能吸收。一般可在幼果期—采收前喷施3～8次，浓度为0.3%～0.5%。套袋果园可在套袋前喷施2～3次，除袋后喷施1次。

> **注　意　事　项**
>
> 需要注意的是，硝酸钙、氯化钙可与多种杀菌剂混合喷施，但不能与含硫农药和磷酸盐（如磷酸二氢钾）混合，以免产生不溶解的沉淀物。硝酸钙和氯化钙都易吸湿，开包后须密封防潮。

（五）镁的生理作用及盈亏症状

1.生理作用

镁元素对植物叶片的光合作用具有促进作用，能够增加有机营养的生成。过量的镁摄入会降低钙的吸收效率。

2.盈亏症状

在镁缺乏的情况下，顶部嫩叶的光合作用逐渐减弱，随后新梢基部的成熟叶片边缘及叶脉间呈现淡绿色斑块，并逐步转变为红褐色或深褐色，叶片卷曲脱落。此外，果实因缺镁而不能正常成熟，表现为果实较小，色泽不佳，易提前脱落，口感较差。

3.防治方法

针对果树镁缺乏的问题，可通过以下方法防治：施用有机肥的同时添加硫酸镁，成龄树每株施用500g，小树则为200g；在生长期内，喷洒3～4次0.3%硫酸镁溶液。

（六）铜的生理作用及盈亏症状

1.生理作用

铜作为叶绿体的组成部分，参与光合作用；铜还是多种氧化酶的构成元素。

2.盈亏症状

铜元素过多可能导致元素间的拮抗现象。当铜元素缺乏时，叶片首先出现褐色斑点，随后斑点扩大变为深褐色，从而引发落叶现象；新生枝条的顶端也会枯死，第二年春季，枯死部位以下的芽开始生长，导致树冠呈丛状，生长受限。此外，铜缺乏还会引发果树早期落叶，树干上出现胶状突起和裂缝，抗性减弱，容易遭受冬季冻害。

3.防治方法

缺铜严重时，可在萌芽前喷施0.5%～1%硫酸铜溶液，或在生长季节喷洒0.5%硫酸铜溶液；另外，也可每亩施用1～2kg硫酸铜。

（七）铁的生理作用及盈亏症状

1.生理作用

铁是多种生物化学反应的辅助因子，特别是在叶绿素生成过程中不可或缺。适量的铁可增加叶绿素含量，保持其功能，并参与代谢反应，促进光合作用，确保生物体正常生长。铁元素过多时，与其他金属阳离子如镁、钙、锌、钾、锰、铜等产生拮抗作用，影响果树其他元素的有效吸收和利用。

2.盈亏症状

果树铁元素缺乏会导致叶片失绿变黄，出现黄叶病。症状首先表现在新梢上部叶片，叶色变黄，脉间失绿，呈现清晰的网纹状；严重时，整个叶片尤其是幼叶呈现淡黄色，甚至发白；在后期，幼叶边缘焦枯，叶柄基部出现紫色和褐色斑点。果树严重缺铁时，叶片黄化程度逐渐加重，全部呈漂白状，甚至全叶枯死而早落。新梢顶端枯死，形成枯梢现象，树势严重削弱，影响产量。

3.防治方法

防治果树缺铁，要结合施用有机肥，加施硫酸亚铁。成龄树每株施用500g，小树则适当减量。对于缺铁严重的果树，可在发芽期喷洒0.5%硫酸亚铁溶液，生长季节每隔20d喷洒1次0.1%～0.2%硫酸亚铁溶液或柠檬酸铁溶液。此外，也可将硫酸亚铁与有机肥料混合，挖沟施入根系分布范围内。

注 意 事 项

在诊断缺铁症状时，需与病毒病症状进行区分。苹果树缺铁，表现为叶色变黄，但叶脉保持绿色。而病毒引起的苹果树花叶病，叶片上会出现鲜黄色病斑，大小、形状不定，边缘清晰；有的沿叶脉褪绿呈黄白色，使叶片呈现网纹状。在田间分布上，相同地段的土壤环境基本相似，在品种和树势一致的情况下，缺素症往往成片发生，病毒病则呈零星分布。在传染性方面，果树缺素症不相互传染，病毒病则可通过嫁接传染。在防治方法上，果树缺素症可通过施用相应的微量元素或肥料进行矫治，减轻或消除症状。而病毒病则不能通过施肥或喷药治疗，只能采取根治病株或栽培无病毒苗木进行预防。

（八）锰的生理作用及盈亏症状

1.生理作用

锰能有效提升维生素含量，对种子萌发和幼苗初期生长具有促进作用，同时有助于花粉管的生长和伸长，促进果实成熟、提高产量。锰含量过高会导致粗皮病，且锰与铁具有拮抗效应。

2.盈亏症状

果树缺锰的症状表现在叶片叶脉间呈现淡黄绿色，并出现斑点，由叶缘向中脉逐渐发展，失绿部位叶脉不明显；严重时，叶片全部变黄，叶间出现褐斑。此外，缺锰会导致新梢顶部和中部叶呈"人"字形黄化，逐渐蔓延至老叶；老叶叶缘开始失绿变黄绿色，逐渐扩大至主脉间失绿，严重时全叶变黄，叶尖出现褐色斑点。

3.防治方法

一是增施有机肥料，并将氧化锰、氯化锰等与有机肥混合使用；二是在5～7月，每20d左右喷洒1次0.2%～0.3%硫酸锰溶液，共计3～4次，可与喷施波尔多液同时进行。

注 意 事 项

缺锰与缺铁症状的区别：一是新生叶失绿为缺锰，新生叶未失绿为缺铁；二是缺铁症叶片症状自上而下逐渐减轻，而缺锰症则是自上向下逐渐加重。

（九）锌的生理作用及盈亏症状

1.生理作用

锌元素在果树的生长发育过程中起着至关重要的作用。它能促进果树正常生长，并有助于叶绿素的合成以及光合作用的进行。

2.盈亏症状

当锌元素缺乏时，果树的发芽时间会延后，节间长度缩短，叶片细小且密集，叶形狭长、质地坚硬，这种现象通常被称为"小叶病"。病情进一步恶化时，会导致枯梢现象，而在枯枝的下部可能会再次发出新梢。受影响的果树花芽数量减少，花朵较小且颜色较淡，不易结实，果实也较小且形状异常。

3.防治方法

一是增施有机肥料，并注意氮、磷、钾肥料的平衡。二是在施用有机肥料的同时加入硫酸锌，每亩1～1.5kg。三是在果树发芽前半个月左右，全树喷洒1%～3%硫酸锌溶液，在花期喷洒0.3%硫酸锌。四是在盛花期后3周，喷洒0.2%硫酸锌溶液加上0.3%尿素。

（十）硼的生理作用及盈亏症状

1.生理作用

硼在果树的开花和结果过程中发挥着至关重要的作用。它对授粉、受精、果实着床以及花粉形成和花粉管的生长具有促进作用。同时，硼对分生组织细胞的分化产生影响，可确保根、茎、果的正常生长发育，避免畸形和死亡。

2.盈亏症状

果树硼缺乏时，表现为枝条顶端叶簇生，节间缩短，叶片厚而脆，叶脉变红，叶面出现突起或皱缩；春季发芽异常，部分芽萌发后迅速死亡，或发出的细弱枝不久即枯死，枯死部位下又会生成众多纤细枝，聚集成"扫帚枝"。果树在硼缺乏早期，果实形成木栓层、畸形，出现缩果病（猴头果）；在硼缺乏晚期，果实形状正常，但果肉内出现大小不一的褐色木栓层，果面出现凹陷。

3.防治方法

防治果树缺硼，施用有机肥时加入硼砂，每亩施0.5～1kg；在萌芽前、花前、盛花期、落花期等阶段喷洒0.1%～0.3%硼砂溶液。花期喷硼有助于提高坐果率。

六、施肥方法

（一）施肥量的确定及配方比例

根据甘肃省灵台县苹果园土壤有机质含量情况，以每生产100kg鲜果为例，需纯氮0.43kg、有效磷0.13kg、速效钾0.41kg；每生产100kg鲜叶则需纯氮1.63kg、有效磷0.18kg、速效钾0.69kg。有机肥施肥量，按每生产1kg苹果施2kg优质农家肥计算，一般盛果期苹果园亩施5 000～6 000kg有机肥。养分比例 $N：P_2O_5：K_2O$ 为2：1：2；氮肥用量一般每生产100kg鲜果需纯氮0.6～1.0kg。

（二）施肥量及施肥方法

近年来，灵台县矮砧果园滴灌、喷灌和渗灌系统的建设和系统管理技术日趋完善，全年可采用水肥一体化技术进行水肥管理。

1. 萌芽前，重点补充氮肥

萌芽前，重点补充氮肥，适量补充磷钾肥和中微量元素肥料，滴灌以硝酸铵钙为主，必要时配合腐殖酸水溶肥和微量元素肥。其目的是促进根系生长，及早萌芽展叶，为开花坐果奠定基础。建议配方：腐殖酸水溶肥（含有20%聚谷氨酸，亩用量为3～5kg）＋硝酸铵钙（亩用量为3～5kg）＋微量元素水溶肥（亩用量为1～1.5kg）。需要补充磷钾肥时，可用尿素和磷酸二氢钾代替硝酸铵钙，尿素亩用量建议为3～5kg，磷酸二氢钾亩用量建议为1～1.5kg。

2. 开花前，重点补充氮肥和中微量元素肥

开花前，重点补充氮肥和中微量元素肥。中微量元素肥（特别是硼肥）以水溶肥为主，配合腐殖酸水溶肥。其目的是预防果树晚霜冻害，提高坐果率，保花保果。建议配方：腐殖酸水溶肥（亩用量为3～5kg）＋硝酸铵钙（亩用量为3～4kg）＋中量元素水溶肥（亩用量为1～1.5kg）。需要补充磷钾肥时，可用尿素和磷酸二氢钾代替硝酸铵钙，尿素亩用量建议为3kg，磷酸二氢钾亩用量建议为1～2kg。

此期叶面喷肥，以磷酸二氢钾和硝钠·胺鲜酯为主，常用磷酸二氢钾600倍液，3%硝钠·胺鲜酯（复硝酚钠＋胺鲜酯）2 000倍液。在初花期，建议喷布3%硝钠·胺鲜酯2 000倍液＋液体硼1 500倍液。

3. 谢花后，重点补充氮肥和中微量元素肥

落花后，重点补充氮肥和中微量元素肥，配合腐殖酸水溶肥，采用滴灌或渗灌的方式及时补充树体营养。其目的是加速幼果细胞分裂，保证果皮正常发育，促进幼果膨大，补充幼果生长发育需要的钙、硼。建议配方：腐殖酸水溶肥（亩用量为3～5kg）+硝酸铵钙（亩用量为3～4kg）+中量元素水溶肥（亩用量为1～1.5kg）。需要补充磷钾肥时，可用尿素和磷酸二氢钾代替硝酸铵钙，尿素亩用量建议为2～3kg，磷酸二氢钾亩用量建议为1.5～2kg。

此期叶面喷肥，以钙肥和芸苔素内酯为主，常用糖醇钙1 200～1 500倍液+液体硼1 500倍液，0.04%芸苔素内酯6 000倍液。

4. 幼果期，重点补充磷钾肥

幼果期，重点补充磷钾肥，配以腐殖酸水溶肥、氮肥和中微量元素肥。其目的是控制秋梢萌发，促进花芽分化，加速果实膨大，预防中后期裂果和日烧等，控制秋梢生长。建议配方：腐殖酸水溶肥（亩用量为3kg）+中氮高磷中钾水溶肥（亩用量为10kg）+中微量元素水溶肥（亩用量为1.5kg）。

此期叶面喷肥以钙肥和硝钠·胺鲜酯为主，常用糖醇钙1 200～1 500倍液+液体硼1 500倍液，3%硝钠·胺鲜酯2 000倍液。

5. 果实膨大期，以氮磷钾肥和腐殖酸水溶肥为主

果实膨大期，以氮磷钾肥和腐殖酸水溶肥为主，配合中微量元素水溶肥即可。其目的是促进果实细胞膨大，保证果实正常生长，预防裂果、日烧等生理病害发生，继续控制秋梢。建议配方：腐殖酸水溶肥（亩用量为3～4kg）+中氮低磷高钾水溶肥（12-5-35，亩用量为10kg）+中微量元素水溶肥（亩用量为1.5～2kg）。此配方建议追肥2次，施肥间隔为10～15d。

此期叶面喷肥，以磷酸二氢钾和硝钠·胺鲜酯为主，配以糖醇钙效果更好。常用磷酸二氢钾600倍液+3%硝钠·胺鲜酯2 000倍液+糖醇钙1 200～1 500倍液。

6. 果实成熟着色期，以水溶性钾肥为主

果实成熟着色期，以水溶性钾肥为主，辅以腐殖酸、磷肥和中微量元素水溶肥。其目的是加速果实膨大，促进花芽进一步分化，提高果实糖分转化，及早成熟着色。建议配方：磷酸二氢钾或水溶性硫酸钾（亩用量为3～4kg），或中低磷高钾水溶肥（12-5-35，亩用量为5kg）+中微量元素水溶肥（亩用量为1.5～2kg）+微量元素水溶肥（亩用量为1kg）。此配方建议追肥2次，施肥间隔为10～15d。当树势变弱时，可用中微量元素水溶肥代替磷酸二氢钾或水溶性硫酸钾。

此期叶面喷肥，以磷酸二氢钾或硫酸钾和硝钠·胺鲜酯为主，常用磷酸二

氢钾600倍液，硫酸钾400～500倍液，3%硝钠·胺鲜酯2 000倍液。

7. 采收期及时秋施基肥，建议以生物有机肥为主

采收期及时秋施基肥，建议以生物有机肥为主，配合氮磷钾复合肥和中微量元素肥料，目的是改良土壤，培肥地力，健壮树势。有机肥建议亩用量不少于1.5～2kg，生物有机肥建议亩用量为150～200kg，平衡型复合肥建议亩用量为40～80kg，中微量元素肥料建议亩用量为10～15kg。

七、土壤水分管理

（一）土壤墒情的判断

土壤能保持的最大水量称为土壤含水量。一般认为，当土壤含水量达到持水量的60%～80%时，土壤中的水分与空气状况最符合果树生长结果需要。因此，当土壤含水量低于持水量的60%以下时，就需要进行灌水。

判断是否需要灌水的简便方法是从地表下约10cm处取土，用手捏团，如果壤土类土壤手松即开、不易成团，而黏土类土壤手捏成团、手松后轻轻挤压土团易产生裂缝，说明土壤含水量大约在田间最大持水量的50%以下，应立即灌水。在果树生长期，降水不足500mm或降水分布不均匀的时候，应进行灌溉补充。

（二）灌溉水量及时期

苹果树一年中新梢旺长期和果实膨大期需水量最大，水分最为关键，是需水临界期。果树需水量一般用单位面积上的水量多少来表示，以立方米每公顷（m³/hm²）为单位；也可用水层深度表示，以毫米（mm）为单位。15m³/hm²相当于1.5mm水深。灌溉深度：未结果幼树为0.5m，结果初期树为0.6m，盛果期树为0.8m。

1. 萌芽期水分管理

萌芽期土壤含水量应达到田间最大持水量的70%～80%。萌芽期墒情好，可促进新梢生长，叶片大而开展，增强光合作用，保证开花坐果。该期水分不足，可导致萌芽延迟或萌芽不整齐，影响新梢生长。萌芽期土壤含水量也不宜太多，避免降低地温，导致根系活动迟缓。春季干旱的地方，此期果园灌水尤为重要。

2. 花期水分管理

花期土壤含水量应达到田间最大持水量的60%～70%。花期土壤水分充足、稳定，花期长，落花落果轻，利于坐果。开花期对水分最敏感，水分过少、过多，都不利开花、坐果。

3. 花后20d水分管理

花后20d是幼果膨大期和新梢旺长期，是苹果水分临界期，土壤含水量应达到田间最大持水量的80%。

4. 花芽分化临界期土壤水分管理

土壤含水量应达到田间最大持水量的50%～60%。花芽分化临界期土壤适当干旱，利于花芽分化。该期应适当控水，使新梢生长变缓慢，全树约75%新梢（生长点）及时停止生长，花芽分化较理想。树盘覆草有利于保持该期适宜的土壤水分。

5. 果实膨大期水分管理

果实膨大期的土壤含水量应达到田间最大持水量的80%。在果实膨大期，果树的生理机能最旺盛，称为需水临界期。此期土壤水分充足，果实发育快、果形好。该期气温高，水分蒸发量大，当雨水少时易出现伏旱，影响果实膨大，水分不足时叶片争夺幼果中的水分，会造成落果；严重干旱时叶片还会和根争水，影响根的吸收作用，致使果树生长弱、产量低。

6. 果实成熟期水分管理

成熟期土壤含水量应达到田间最大持水量的80%。着色期对水分要求较严格，土壤干旱、湿度小，不利于着色；一定的土壤湿度对着色有利，但水分过多引起贪青旺长，对着色也不利。适当土壤干旱或湿度过大对着色有利。采收前土壤水分要稳定，水分波动大，易引起裂果，加重采前落果。土壤水分过多，果实品质降低，不耐储藏。

7. 越冬休眠期水分管理

越冬休眠期的土壤含水量应达到田间最大持水量的80%～90%。该期土壤水分充足，利于越冬休眠。秋施基肥后应立即浇水，以便根系尽早恢复吸收功能。落叶后浇水能有效地保持土壤温度，对越冬有利。

八、水肥一体化滴灌技术对果树长势的影响及优势

（一）对果树长势的影响

应用水肥一体化滴灌技术能加快果树根系吸收水肥的速度，有利于果树在恶劣的气候条件下保持旺盛的生长，促进果树提早结果。研究表明，应用水肥一体化滴灌技术管理的果园，幼树长势快，比常规施肥灌溉提前1～2个月达到树体营养生长的要求，且可显著提高翌年苹果的挂果率。水肥一体化滴灌

技术的应用，可以有效控制水分和肥料的施用，从而提高肥水利用率，促进果树根系生长。如矮砧果园通过滴灌施肥系统进行灌溉和施肥，能明显增加生物干重，增加一级根数量和二级根的根表面积，果枝长而粗，增加产量。

（二）对果实品质的影响

果树地上部分长势和根系生长密切相关。根系可吸收合成地上部分树体生长所需要的各种营养。而果园的树体营养水平直接影响到挂果数量和果实大小。应用水肥一体化滴灌技术，可有效调控营养生长和生殖生长的平衡，使树体挂果数量和果实大小达到最佳状态，从而获得最佳的经济效益。试验表明，矮砧果园应用水肥一体化滴灌技术，可以促进果实增大，果实横径比常规栽培增加0.75cm，且裂果率比常规减少3.8%。

（三）对果园经济效益的影响

应用水肥一体化滴灌技术，可以将水肥直接输送到果树的根系土壤，在很大程度上减少水肥在土壤中的输送距离，提高了水肥的利用率，减少成本的投入。同以往乔砧果园管理相比，矮砧果园应用水肥一体化滴灌技术，可以直接减少施肥量，降低劳动强度、缩短劳动时间、避免气候条件的影响，而通过水肥一体化滴灌技术，可适当增加追肥次数，能够适时追肥，使养分供应更加符合果树生长的需要，从而提高果树的经济效益。

（四）水肥一体化滴灌技术的其他优势

1. 省水省肥

由于果园水肥一体化滴灌技术能将肥、水充分融合，在果树最需要的时期定点、定量、均匀地施入果树根系吸收部位。因此，水肥一体化滴灌技术对肥水的利用率很高，特别是在干旱年份，其效果非常明显。一般情况下，它比常规的灌水施肥省水60%～70%，省肥50%～70%。

2. 省工省力

果园使用水肥一体化滴灌技术，能在几个小时内将上百亩果园的施肥和灌水问题同时解决，而且只需一个人将闸阀打开即可，省工、省力、省时，可节省工时费90%以上。

3. 降低地表湿度

果园使用水肥一体化滴灌技术，可降低地表湿度，减少果园病虫草害滋生，降低除草投入和病虫防治成本，提高果实品质，增加效益。

第五章
整形修剪技术

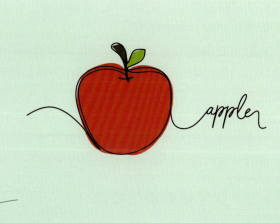

一、果树整形修剪的基本原则和相关概念

（一）整形修剪的基本原则

1. 尊重规律、顺其自然

果树在自然生长的过程中，新梢的生长、树冠的形成和开花结果都具有一定的规律。果树整形修剪，首先要考虑品种特性、因势利导、对症下药，充分体现果树的植物学特性；宜轻则轻，宜重则重，决不能违背果树自然生长规律。

2. 因地制宜，培养适合当地、抗逆性较强的树体结构

不同区域的立地条件有很大差异，土壤肥力、降水量大小、气温高低直接影响果树的生长发育和特征特性的表现。在不同地区采用什么树形，是果树在整形修剪前需要确定的，要根据地区的立地条件来培养适宜树形，以应对不利的环境条件。

3. 充分利用光能

树形确定后，整形修剪要解决如何最大程度利用光能的问题，改善通风透光条件，要贯穿整形修剪工作始终。树体只有充分利用阳光，增强光合作用，才能壮树势、结优果。

4. 便于作业

整形修剪必须培养操作简单、能有效降低劳动强度的树体结构。应尽量降低树高，营造矮小、宽幅树形，方便作业。

5. 有形不死，无形不乱

有形不死就是指在培养确定的丰产树形时，要根据树体的实际情况灵活掌握，不可生搬硬套。无形不乱就是在特殊树体的处理上，虽不能规范树形，但必须主从分明，坚持科学性、适用性、灵活性和多样性。

6. 因树修剪

整形修剪必须视树而行，具体问题具体对待，做到强树轻剪、弱树重剪；因树而异、随枝做形；整体着眼、局部着手。

（二）整形修剪相关概念

1. 冬季修剪

这是指冬季果树落叶后至翌年春季芽萌动前进行的修剪，也称之为休眠期修剪。

2. 生长季修剪

这是指春季萌芽至冬季落叶前进行的修剪，包括春季修剪、夏季修剪和秋季修剪。

3. 顶端优势

其又称极性，是指位于顶端芽的萌发能力强，抽生的枝条生长势最强，向下依次减弱的现象。

4. 干性

这是指中心主干的强弱程度。

5. 分枝角度

这是指枝条抽生后与母枝的夹角。

6. 芽的异质性

这是指同一枝条上不同位置的芽因其内外界条件不同，发育质量也不相同的现象。

7. 萌芽力

这是指一年生枝条上芽的萌发能力，一般用萌发芽数占总芽数的百分比表示。

8. 成枝力

这是指一年生枝条的芽萌发后，抽生出长枝的能力。

二、主要修剪方法

（一）疏枝

疏枝又称疏剪，即把一年生枝或多年生枝从基部去除（图5-1）。疏枝具有减少分枝、调节枝条密度，使枝条合理分布，增强光照，便于通风，提高光合效能等作用。疏枝对主枝和全树起削弱作用，但疏除多余果枝、密生细弱枝、病虫枝，可减少养分消耗，有促进生长势的作用，疏枝是目前应用较多的修剪方法。

幼树期疏枝主要是疏除强旺竞争枝和背上直立枝；盛果期疏枝主要疏除密生

图5-1　疏　枝

枝、内膛徒长纤细枝；花量较大时疏枝，主要是疏除弱枝弱花。对多年生枝疏枝，主要是疏除干扰树体结构的过密枝、过粗过大枝、直立强旺枝组和下垂衰弱枝，保持枝组的均衡生长和实现枝组更新。

（二）缓放

这是指对枝条长放不剪，主要作用是缓和枝势，增加中、短枝数量，促进花芽形成。富士系品种对修剪反应敏感，短截后容易萌发抽生长枝，营养生长增强，成花困难，因此必须缓放，促进成花结果。

（三）短截

这是指剪去一年生枝的一部分。短截对剪口下芽萌发和抽枝起促进作用。短截能增加长枝数量并加强其生长势。短截对全树或全枝起削弱作用，局部刺激产生新旺盛枝条，在果树上主要用于更新（图5-2）。

图5-2 短 截

短截按程度分为如下几种。

（1）轻短截。剪去一年生枝条全长的1/5 ~ 1/4。

（2）中短截。在春梢中上部饱满芽处短截，一般在饱满芽处中部短截，剪去春梢的1/3 ~ 1/2。

（3）重短截。在春梢中下部半饱满芽处短截，剪去春梢的2/3 ~ 3/4，主要用于弱树的复壮修剪，疏除花芽，促生枝条。

（4）回缩。回缩是对多年生枝进行短截，也称缩剪。回缩具有抑前促后作用，使后部枝的生长势增强，常用于对老枝的更新复壮，促进后部生长。尤其是对成串花枝，回缩后可减少营养消耗，促进坐果，提高果品质量。

（四）刻芽

这是对芽上方一定距离处进行刻伤，促进该芽尽快萌发抽枝的修剪方法。在一年生或多年生枝条芽上方0.5 ~ 1cm处，用刀割伤或钢锯条拉伤，深达木质部，刺激芽萌发。这种方法主要用于中干上促生分枝补空，以及长放枝，促生短枝成花。

（五）拉枝

拉枝是将较直立的一年生枝或多年生枝向外或稍向下拉，达到树形要求的理想角度（图5-3）。

（六）扭枝

扭枝就是对当年新生嫩枝进行扭转，改变生长方向和极性。当新梢长到15～20cm、枝条半木质化时，在基部5cm处扭转180°。扭枝主要用于控制幼树和初结果期树直立旺梢的生长，是削弱生长势、促进花芽形成的修剪方法（图5-4）。

（七）摘心

这是在生长季用来控制旺梢生长的一种夏剪方法，应用对象和时间与扭枝基本一致。当新梢长到20cm时，在梢部带3～5片叶处进行摘心。摘心后，新发的新梢仍然旺长时，可进行多次摘心，直至新梢生长势缓和（图5-5）。

（八）抹芽

抹芽是指春季萌芽后将无利用价值的萌芽除掉（图5-6），可以节省营养，增加有效枝比例，改善光照条件，又能减少修剪时的疏枝量和不必要的疤痕。具体操作方法为抹除中干和结果枝组延长头2、3、4竞争芽，主干80cm以下的萌芽，以及结果枝组背上无用芽。

图5-3　拉　枝

图5-4　扭　枝

图5-5　摘　心

图5-6　抹　芽

（九）除萌

除萌是指对于主干和根颈部发出的萌蘖及时剪除，避免竞争养分和水分，又能减少修剪量和不必要的伤口（图5-7）。

图5-7 除 萌

三、灵台县主要推广的树形及整形技术

高纺锤形和细长纺锤形是非常适合矮化苹果树的整形树形，更加利于丰产、稳产、优质。

（一）高纺锤形

1.树体结构

树体呈高细纺锤形（图5-8），成形后平均冠幅为2m，树高3.5～4m，主干高0.8～0.9m；中央领导干上着生30～40个螺旋上升排列的枝组。树冠下部的枝组长1m，与中央干夹角呈100°～110°；树冠中部枝组长0.8m，与中央干夹角呈110°～120°。中央领导干与同部位主枝基部粗度比为（5～7）：1，成形后秋季留枝量控制在700～800条，长、中、短枝比例保持1：1：8。

2.整形过程

（1）第1年修剪方法。

[刻芽] 对三年生大苗，在缺枝位置刻芽促枝；二年生苗木刻芽促分枝，剪口下2～4个芽刻芽下；离地面70cm以上的芽，每隔2～3个芽刻1个芽。

图5-8 高纺锤形

[扶干] 在篱架或立竿上扶正苗木顺直生长。

[拉枝] 一般分枝长度达25～30cm时拉开基角，角度为90°～110°，生长势旺和近中央领导干上部的角度大些，着生在中央领导干下部或长势偏弱的枝条角度小些。

[疏枝] 冬剪时疏除中央干上的强壮新梢，疏除时应留1cm的短桩，促使发出弱枝；保留长度30cm以下的枝。

（2）第2年修剪方法。

[刻芽] 第2年春天，在中央领导干分枝不足处刻芽或涂抹药剂（抽枝宝或发枝素），促发分枝。

[疏枝] 留桩疏除因第1年控制不当形成的过粗分枝（粗度大于同部位干径1/3的分枝）。

[除萌] 苗干从地面至80cm高度之间再次发出的萌枝要疏除，同侧上下间距小于30cm的重叠枝也要疏除。出现开花枝条要将花序全部疏除，保留果台副梢。

[拉枝] 枝条角度按树冠不同部位要求拉枝。

[冬剪] 冬季修剪时，疏除中央干上当年发出的枝干比大于（3～5）∶1的强壮新梢。疏除时留1cm短桩，促使芽萌发新枝；保留中干上长度50cm以内的枝；中央领导干太弱的可在饱满芽处短截，促其旺长，中干强的不短截。

（3）第3年修剪方法。

[刻芽] 萌芽前在中干光秃部位继续刻芽，促发新枝。

[拉枝] 当年新发枝条长度达35cm左右时拉枝。上年留下的枝组长到计划长度时，及时拉枝。拉枝角度因树势、品种而定，枝势强的拉至110°～120°，枝势弱的拉至100°～110°。同时，严格控制中央领导干延长头（上部50cm）留果。尤其针对部分腋花芽，可疏花并利用果台枝培养优良分枝。依据有效产量，决定下部分枝是否留果，一般亩产量低于300kg时，建议不留果。

[冬剪] 冬季修剪时，对主干上当年发出的强壮枝，留1cm短桩进行重短截，保留中央领导干上当年发出的长度50cm以下的枝组；同侧位枝组上下保持30cm间距。

（4）第4年修剪方法。

第4年春季和夏季的修剪与第3年相同，但春季开花株要疏花疏果，亩产量控制在1 000kg以内。冬季修剪时保留中央领导干发出的枝组，同侧位枝组上下保持30cm间距。

（5）成形后的更新修剪方法。

[枝组更新] 随树龄增长，疏除中央领导干上着生的过长的大枝，粗度超过3cm的一定要及时进行重短截。树冠下部长度超过1.2m、中部超过1m、上部超过0.8m的枝组要重短截。五至六年生枝组逐年更新，及时疏除中央领导干上过密、过粗、过大的枝条，并回缩主枝上生长下垂的结果枝，使结果枝

59

组4~5年轮换1次。为了保证枝条更新，去除中央领导干中下部大枝时应留1cm的短桩，促发新枝，去除上部枝时留马蹄形斜桩，防止发出过旺枝。

［拉枝］结果枝组与中央领导干夹角不足的要拉枝调整。

注 意 事 项

（1）高纺锤树形修剪方法简单，除中央领导干每年冬季轻短截外，其他枝条均不打头，仅拉枝即可；当枝条粗度超过3cm时及时疏除，另行培养新枝条，采用边培养边轮换的方法进行更新复壮。

（2）成形后每年轮换中央领导干延长头到弱枝，保持中干顶部弱枝带头，并保持树冠顶部枝组上有4%~5%的直立枝。

（3）高纺锤形要求在第1年修剪后树高达2~2.5m，第2年修剪后树高达2.8~3.3m，第3年修剪后树高达3.5~4m，枝组留30~40个，进入初果期。

（4）高纺锤树形成形快、结果早，定植后不提倡果园再进行间作。

（二）细长纺锤树形

1. 树体结构

如图5-9所示，树高3~3.5m，干高80cm，冠径1.5~2m，中央领导干直立健壮，均匀分布15~20个主枝，间距15~20cm，插空排列，螺旋上升，由下而上，分枝角度越来越大，下部枝保持90°~100°，中部枝保持100°~110°，上部枝保持110°~120°。领导干与主枝粗度比为（3~5）：1，主枝与侧生枝粗度比为（5~7）：1。整个树冠呈细长纺锤状。

2. 整形修剪

（1）第1年修剪方法。

［刻芽］对三年生大苗，在缺枝位置刻芽促枝；二年生苗木刻芽促分枝，剪口下2~4个芽刻芽下，离地面80cm以上的芽，每隔2~3个芽刻1个芽。

图5-9 细长纺锤形

［扶干］在篱架或立竿上扶正苗木顺直生长。

［拉枝］一般分枝长度达30~45cm时拉开基角，角度为90°~100°。

［冬剪］冬剪时对粗度超过中央领导干1/2的强旺枝，留1cm的短桩重短

截，促使发出新枝；保留中央领导干上长度60cm以下的枝条；疏除中央领导干延长头上的竞争枝。

（2）第2年修剪方法。

[刻芽] 第2年春天，在中央领导干分枝不足处刻芽或涂抹药剂（抽枝宝或发枝素），促发分枝。

[冬剪] 疏除中央干上枝干比大于（3～5）∶1的强旺枝，留1cm短桩短截，促使芽发出新枝；保留中干上80cm以内的枝条；中央领导干太弱的可在饱满芽处短截，促其旺长，中干强的轻短截；疏除同侧上下间距小于40cm的枝条（重叠枝）。

[除萌] 主干上再次发出的萌枝要及时疏除。

[拉枝] 枝条角度按树冠不同部位要求拉枝。

（3）第3年修剪方法。

[刻芽] 萌芽前在中干缺枝部位继续刻芽，促发新枝。

[拉枝] 当年新发枝条长度达45cm左右时拉枝。上年留下的枝组长到计划长度时，及时拉枝。拉枝角度因树势、品种而定，枝势强的拉至110°～120°，枝势弱的拉至100°～110°。当侧枝长度超过25cm时，按110°～120°的角度及时拉枝。中央领导干延长头（上部50cm）不留果。

[冬剪] 冬季修剪时，对当年发出超过同部位中干粗度1/3的强旺枝，留1cm短桩进行短截；同侧位枝组上下保持40cm间距。下部主枝上着生的侧枝，粗度超过主枝1/3的留马蹄形斜桩短截，粗度小于主枝1/4保留并拉枝到110°～120°。中部主枝上保留少量适宜比例的侧枝，上部不保留侧枝。

（4）第4年修剪方法。

第4年春季和夏季的修剪方法与第3年的相同。但春季开花株要疏花疏果，亩产量控制在1 000kg以内。

（5）成形后的更新修剪方法。

[枝组更新] 随树龄增长，疏除中央领导干上着生的过长过粗的大枝，下部粗度超过3cm，中上部粗度超过2cm的一定要及时进行重短截。树冠下部长度超过1.2m的枝组要重短截、树冠中部长度超过1m的枝组要重短截，树冠上部长度超过0.8m的枝组要重短截。五至六年生枝组逐年轮换，及时疏除中央领导干上过多的枝条，使结果枝4～5年轮换1次。去除中央领导干上大枝时，应留马蹄形斜桩，促发分枝。5～6年后弱枝换头，疏掉重叠枝、密生枝、病虫枝，使整个树冠上部渐尖，下部略宽，呈细长纺锤形。

[拉枝] 枝组更新时，新发的枝条要及时拉枝。

注意事项

（1）定干高度不能过低。细长纺锤形树形定干高度一般应不低于80cm，过低易造成下层枝条太集中，拉平后距地面太近，影响通风透光和田间作业，生产的果品着色不良，水锈果多。

（2）下部侧枝不能过粗过大，对直径超过主枝1/4或长度超过40cm的大侧枝要坚决去除。

（3）一定要刻芽促枝。对中干和下部主枝上缺枝部位进行刻芽，促其尽快萌发成枝。

（三）轻简化整形

1. 树形结构特点

强的中央领导干，主干着生35～40个大小均匀一致的主枝（或结果枝组），主枝与主干角度呈110°～130°，树高3～3.5m，干高0.7～0.8m；行距3.5～4m，株距1m，适合矮化自根砧（图5-10）或矮化中间砧（图5-11）的种植。

以矮化砧作基砧，直接嫁接品种

品种 ←

自根砧砧木 ←

图5-10　矮化自根砧苹果苗

以实生砧作基砧，矮化砧作中间砧，再嫁接品种

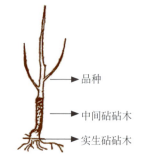

→ 品种

→ 中间砧砧木

→ 实生砧砧木

图5-11　中间砧苹果苗

2. 简化整形

（1）免刻芽、促发枝、快成形（图5-12）。在距离地面70cm以上至定干后主干向下30cm之间的中干上，喷发枝素促发分枝；当主干新梢生长到25cm左右，对新梢顶端嫩梢的枝喷1次发枝素，每隔20～25cm喷施1次，栽植后当年可以萌发20个以上主枝。

应用方法和效果：依据苗木品种质量，选择主干上部最饱满芽定干，主干发枝素喷布后，定干处以下30cm内，新生第1、2、3个主枝生长至20cm时及时摘心；主干新梢生长到10～15cm开始，每隔15～20cm喷施1次新梢发

图5-12　简化整形示意

枝素，全年喷施3～4次。栽植当年主枝数量达15个以上，所有发枝基角近90°。

知识加油站

发枝素使用方法。

（1）母液配置。称取160g发枝素，充分搅拌溶解于1L酒精（浓度为50%）中，制成发枝素母液。

（2）春季主干使用液配置。1L母液加水稀释至5L，为春季主干促发枝使用液。使用方法：干高70cm以下不喷，干顶端20cm左右不喷（如果芽很饱满，顶端30cm不喷），中间干两侧用加压喷壶均匀喷布。

（3）主干光秃带使用液配制。1L母液加水稀释至2～5L，为春季主干光秃带促发枝使用液。

（4）生长季主干新梢使用液配制。1L母液加水稀释10～12L，为生长季主干新梢促发枝使用液。

（5）生长季使用方法。现配现用，不能喷得太少；只喷主干新梢顶端，保证新梢的大叶被喷湿，发枝素能够沿主干新梢向下流；用隔板挡住已经有的主枝，不能喷到树体其他部分。

（6）生长季短枝发枝素配制和用法。萌芽前7d左右，140g短枝发枝素，先加1kg水充分搅拌溶解，再加4kg水搅拌，喷在主枝上，主枝外侧20cm不喷，喷靠近主干部分。

（2）强中干、控主枝、调分配、促转化。应用方法和效果：主枝新梢生长到45cm左右时及时摘心，对摘心后萌发2～3个新梢，留顶端长势健壮的芽，掰掉竞争芽。生长20cm左右，再次摘心；同样处理多余萌发梢，主枝长至80cm左右，喷控长剂，为花芽形成和脱叶做准备。

（3）强脱叶、增储备。在苹果正常落叶前15d左右，喷1遍脱叶剂，喷施后8～12d叶片逐渐全部脱落，养分回流，提高树体储藏营养和花芽质量。

（4）少拉枝、早结果。第二年，主干上仍然采用上年处理办法喷发枝素；然后整树再喷一次促发短枝的发枝素，促发主枝上形成短枝；上年主枝摘心后形成的花芽，留果自然压枝，80%以上的枝自然开张，第2年产量达300～500kg，第3年可达800～1 500kg。

（5）春季抹除背上芽。保持中干优势，第2年春季萌芽前，抹除背上芽。

（6）花前修剪技术。第2～3年有大量花芽形成，在开花前，保留主枝长度0.8～1.0m齐花修剪；当主枝粗度大于主干粗度的1/3时及时更新，突出中央领导干优势。

第六章

果实精品化管理技术

一、花期授粉

花期授粉，除建园时配置授粉树、栽植授粉海棠之外，还可在花期通过人工授粉的方式，促进坐果，提高果实品质，增加产量。

（一）花粉的收集、制作和储藏

选择适宜的授粉品种，当花朵含苞待放或初开时，从健壮树上采摘花朵到室内去掉花瓣，拔下柱头，放在掌心揉搓，剔除花丝，让花药全部落到油光纸上，薄薄摊平，放在干燥通风的室内阴干，室内温度保持在20 ~ 25℃，相对湿度50% ~ 70%，随时翻动，加速散粉，1 ~ 2d过笋后即可使用。如果暂时不用，可装入广口瓶，在低温干燥处储藏。每500g花药可出花粉10g，供200株结果树使用。

把包装好的花粉整齐地码放在冷藏柜中，在0 ~ 5℃的冷藏条件下可以短期保存10d左右。注意冷藏保存的花粉一定要在当年进行授粉，否则花粉活力降低，影响授粉效果。如果确实需要长期储存，应加干燥剂后在−18 ~ 20℃以下保存。

（二）人工授粉最佳时间

中心花开的当天到第二天是人工授粉的最佳时间。

（三）人工授粉的方法

1. 点授法

授粉时，把花粉1份加5 ~ 8份淀粉或滑石粉充分混合，装在洁净、干燥的小玻璃瓶中，将授粉器（干净毛笔）蘸上花粉，轻轻向柱头一碰，使花粉粒均匀沾在柱头上即可（图6-1）。一般蘸一次花粉可点5 ~ 10朵花。

2. 喷雾法

把花粉、糖和硼砂等配成悬浮液，用超低量喷雾器喷洒授粉。花粉液配方为：蔗糖150g + 水5kg + 花粉10g + 硼砂5g。调匀后用纱布滤去杂

图6-1　点授法

质，喷前加牛奶少许，迅速搅拌均匀，即可喷布（图6-2）。

3. 喷粉法

将1份花粉加100份淀粉或滑石粉充分混合，用小型手动授粉器或专用授粉器授粉（图6-3）。

图6-2　喷雾法

图6-3　喷粉法

二、疏花疏果与保花保果

（一）疏花

1. 合理负载的依据和方法

合理负载是果树疏花的主要依据，也是疏花的根本目的。在不削弱树势，保证枝叶正常生长和花芽形成良好的前提下，通过合理负载，可实现当年果树的优质高产高效。疏花的方法有两种。

（1）叶果比和枝果比法。选用矮砧或短枝型品种时，叶果比为（20～30）∶1。在生产上，为操作简便，按每条新梢平均10片叶换算成枝果比留果。

（2）按距离"以花定果"法。在苹果花序分离期，根据树势强弱、品种特性，每10～15cm留1个花序，每花序一般只留中心花。此法适合树势健壮、花期饱满、授粉较好且花朵坐果率较高的果园采用。

2. 疏花时间

在保证安全、有效、准确的前提下，疏花时间越早越好。一般在花前复剪疏花芽，花序分离期至初花期疏化。在花期，如遇不稳定气候可延迟疏花。

3. 疏花方法

（1）花前复剪。为了节约树体营养，当果树发芽后能准确识别花芽时，

67

应抓住有利时机，立即进行复剪，这样也能大大减少疏花的工作量。花前复剪主要是对串花枝进行回缩，回缩的程度根据串花枝的长短和粗细而定。串花枝长而粗壮，适当长留；长而细弱，则应短留。对树形紊乱、枝量过大的树，花前复剪还应和树形改造结合进行，可适当去除部分大侧枝和大的结果枝组，达到改造树形、改善光照和调节花量的目的。按枝果比（4～5）∶1，疏除过多、过弱和过长花枝，剪截串花枝，注意保留中长果枝。

（2）疏花序（图6-4）。在确定合理负载量的前提下，在花序露红至花序分离期进行疏花序。根据品种和树势强弱，在主枝、结果枝组或辅养枝轴上，按10～15cm距离留一个花序，方法是将花序中全部的花朵从花托基部疏除，形成空花序，有利于果台副梢的萌发。

（3）疏花蕾（图6-5）。为了最大程度地节约树体营养，疏花应提前至花蕾期进行。在具体操作上，一般按照"间距法"。对所留花序上的花蕾，保留中心花蕾和1～2个边花蕾，其余全部疏除。疏花蕾只在主栽品种上应用，对授粉品种一般不疏蕾，以免人为减少授粉所需花量。

图6-4 疏花序

图6-5 疏花蕾

（4）疏花。在晚霜冻害轻的果园，在花蕾分离期至盛花期进行疏花朵（以花定果）。对所留花序上的花，保留中心花和1～2朵边花，其余全部疏除。对于晚霜冻发生频繁的果园，可只疏花序，不疏蕾，不疏花，直接定果。

（二）疏果定果

1.疏果（图6-6）

在花后1～4周进行。根据果园负载量和花期疏花情况，对过密的果实进行疏除。

2.定果（图6-7）

花后4周（5月底左右），苹果坐果基本稳定，开始定果。一般选留中心果，对于果型偏大品种，可适当选留边果。定果时先疏除病虫果、萎缩果、表面污染果、机械损伤果和畸形果，再疏除朝天果、密生小果、梢头果、腋花芽果，多留下垂果、端正大果、果台副梢强壮果。套袋前定果到位。图6-8和图6-9为定果前后对比。

图6-6 疏 果

图6-7 定 果

图6-8 定果前

图6-9 定果后

3. 化学疏花疏果

（1）化学疏花。规模化的矮砧苹果园多数采用化学疏花，再进行精细的人工疏花。化学药剂可以灼伤花粉和柱头，抑制花粉萌发和花粉管伸长，使花不能受精而脱落。早开放的花已完成授粉受精，因此化学药剂只能疏除晚开的花，对于未开放的花朵则无效。

常用的化学药剂有乙烯利、石硫合剂等。配置比例为：40%乙烯利水剂62.5 ～ 87.5mL兑水50 ～ 100kg；自制石硫合剂用0.5 ～ 1波美度，商品45%石硫合剂晶体兑水150 ～ 200倍液。

化学疏花虽省时省力，但风险性很大，要在小面积试验成功的基础上再全园使用。喷洒时间与药剂浓度一定要掌握好，否则会影响产量，一般不推荐使用。

（2）化学疏果。一般来说，化学疏果所采用的疏除剂有如下几种。

［乙烯利］通常喷乙烯利溶液后7～10d就表现出疏果效果，其作用时间短。疏果的使用浓度为每100kg水中加入40%乙烯利水剂75～125g，搅拌均匀后喷布。需要注意的是：乙烯利适用于坐果率高、难疏除的苹果品种，不适用于坐果率低、易疏除的苹果品种。

［萘乙酸］萘乙酸主要在苹果树开始落瓣后6～16d喷布，用作疏果剂。喷布萘乙酸溶液后，苹果和叶片能迅速地吸收、运转，可在6～24h使嫩梢顶端弯曲，幼叶两侧向上卷并下垂，即出现萎垂现象，3～5d后枝条和幼果生长开始减缓一段时间，7～10d后萎垂现象恢复正常；使一些瘦小的幼果脱落，一些肥大的幼果保留下来不脱落。其配制方法为，选称80%萘乙酸粉1.25g或95%萘乙酸粉1.053g，溶于工业用酒精400mL中配成原液，原液每10mL中含纯萘乙酸25mg。在每10kg水中分别加该原液20mL、40mL、80mL、120mL，即纯萘乙酸浓度分别为5mg/kg、10mg/kg、20mg/kg、30mg/kg。

［西维因］西维因主要在果树开始落瓣后6～16d喷布，是适合苹果的一种温和、稳定、有效的疏果剂，它使一些瘦小的幼果脱落，一些肥大的幼果保留下来不脱落，并不抑制幼果的生长。用于疏果的西维因浓度，普通型富士系品种为25%西维因可湿性粉剂500～1000倍液；红玉品种为25%西维因可湿性粉剂333～500倍液；金冠品种为25%西维因可湿性粉剂200倍液左右；老品种苹果，盛果初期树为25%西维因可湿性粉剂167～200倍液。

（三）保花保果

1. 营养调节

苹果落花、落果的主要原因之一是树体储藏营养不足。通过花前和花期补充树体营养、花后使用生长调节剂，可大大减轻生理落果，并显著提高坐果率。

（1）花前7～8d喷果树促控剂PBO200～300倍液。

（2）盛花初期喷0.2%～0.3%硼砂，盛花期或幼果初期喷2～3次0.2%～0.3%钼酸钠，或花后10d喷0.2%～0.3%尿素。

（3）花后10d喷50～100mg/L细胞分裂素（6-BA）。

2. 防御霜冻

（1）延迟发芽，避开霜冻。早春树干涂白，也可用石灰水10～20倍液喷布树冠，以反射光照、减少树体对热能的吸收、降低冠层与枝芽的温度，这样可推迟开花3～5d。在发芽后至开花前灌水或喷水1～2次，也可推迟花期

2 ～ 3d。

（2）防霜机防霜。防霜机的防霜原理主要是科学利用"逆温现象"来提升果园地面温度。即当霜冻来临时，随着地表热量的散失，在距地面6 ～ 10m形成逆温层，逆温层温度高于地面温度，最高相差6℃。果园防霜冻风机利用电机带动风叶搅动果园滞留冷空气，加速上下层不同温度气流交换，中和地面冷空气提升果园温度，达到防霜效果。该防霜冻风机是在园中提前浇注的混凝土底座上安装高10m左右的钢管骨架，在其顶部安装一个垂直旋转的大螺旋风叶装置，配套专用电机和自动控制设备。晚霜来临前自动开机，每台风机防霜半径达50 ～ 100m，能保护10 ～ 50亩果园，能够将果园温度提升2℃左右，可有效减轻晚霜冻害。

（3）喷水熏烟。在苹果花期，根据天气预报，如有晚霜即将出现，应立即停止疏花，并在霜冻出现前后对树体喷清水，可减轻冻害。熏烟防霜时，应在果园实测温度，当温度降至−1℃时，立即点火放烟，直至外界温度达到0℃以上，停止放烟。每亩堆放十个烟堆，不能明火燃烧。使用烟雾发生器也可获得良好的防霜效果，可购买成品或自制烟雾发生器。自制烟雾发生器最好用堆燃锯末，配制方法是锯末50%～ 60%，废柴油10%，细煤粉10%，硝铵20%～ 30%，采取这种烟熏方式，烟雾浓，而且持续时间长。

"土炕式熏烟防冻窖"：挖长1.5m、宽1.5m、深1.2m的方形坑或长1.7m、宽1.5m、深1.2m的长方形坑。窖底挖一个宽0.3m、深0.3m的通风道（图6-10 ～图6-12）。预备一个比通风口稍大的小木板，在底层秸秆燃透后，利用木板调节通风口大小，控制燃烧，延长熏烟持续时间，达到最佳效果。在保证窖体容积至少3m³的基础上，可根据果园实际情况适当调整窖体长度、宽度和深度，每亩果园挖建8个。该方法投资少、烟雾大、持续时间长，易建造、易操作、效果好。

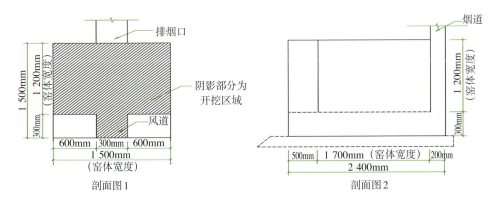

剖面图1　　　　　　　　　　　　　剖面图2

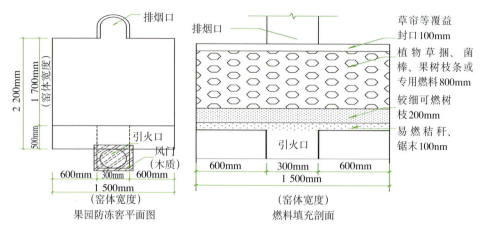

图6-10 土坑式防冻窖剖面、平面及燃料填充剖面示意

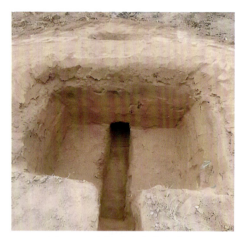

图6-11 土坑式防冻窖实物图

图6-12 防冻窖填充物示意

（4）喷药剂防霜。可在霜冻来临前1～2d，喷果树防冻液加PBO液各500～1 000倍液或爱多收、芸苔素等药剂，以有效地预防霜冻。表6-1为不同物候期受冻临界温度一览表。

表6-1 不同物候期受冻临界温度一览表

物候期	产量无损失的最低临界温度（℃）	花芽损失10%的最低临界温度（℃）	花芽损失90%的最低临界温度（℃）
1/2露绿期	-4.5	-5.0	-9.4
露红期	-0.28	-2.2	-4.4
初花期	-0.22	-2.2	-3.9

3. 花期冻害补救措施

（1）停止疏花，延迟定果。发生霜冻灾害的苹果园，应立即停止疏花，以免造成坐果量不足；疏果、定果时间应推迟到幼果坐定以后进行。

（2）人工授粉，提高坐果率。采用人工点授、器械喷粉、花粉悬浮液喷雾等多种方法进行人工授粉，有效解决冻害以后由于花器畸形、授粉昆虫减少、花粉和雌蕊生活力下降引起的授粉困难和授粉不足的问题。授粉时间以冻后剩余的有效花（雌蕊未褐变的中心花、边花或腋花芽花）50%～80%开放时为依据，进行授粉。

（3）灌水补肥，增强抗性。对于冻害发生较重果园，应尽力采取各种方法灌溉，缓解冻害造成的不利影响，提高果树生理机能、增强抗性和恢复能力。可采取叶面喷施0.3%～0.5%尿素、0.2%～0.3%硼砂或其他叶面肥料，以补充树体营养，促进花器官发育和机能恢复，促进授粉受精和开花坐果。

（4）保障坐果，精细定果。对于冻害比较严重、有效花量不足的果园，应充分利用晚花、边花、弱花和腋花芽坐果，保障坐果量。幼果坐定以后，根据整个果园坐果量、坐果分布等情况进行一次性疏果，选留果形端正、果个较大的发育正常果，疏除弱小果、畸形果、冻害霜环果。定果时力求精细准确，要充分选留优质边花果和腋花果，以弥补产量不足，确保取得良好的经济效益。

（5）病虫防控、降低损失。这主要是及时防治金龟子、蚜虫、花腐病、霉心病、黑点病、腐烂病等为害叶片、花朵和果实的病虫及病害，以免进一步影响坐果和果实产量。有条件的果园，结合灌水增施有机肥和化肥，提高树体营养水平，使受冻害较轻的花果得到恢复。

三、果实套袋技术

果实套袋可提高果实表面的着色度、光洁度，防治果实病虫，减轻果锈和农药污染，从而提高果实的商品价值。

（一）果实套袋

1. 套袋前准备

套袋前，为防止出现果实病害，在5月中旬至6月上旬，喷布2～3次优质杀菌剂，如达生、易保、福星等，并每次混入钙肥，如CA钙宝600倍液、美林高效钙500倍液。注意第一次喷施钙肥时加入硼肥，可有效地提高幼果对钙肥的吸收；也要注意套袋前喷施杀菌剂时，尽量选用水剂，以免造成果面污染。

2.果袋选择

选择有注册商标的合格双层三色纸袋或品种专用果袋。其中双层三色纸袋外袋要能经得起风吹日晒雨淋，透气性好、不渗水、遮光性强；内袋要不褪色，蜡层均匀，日晒后不易化蜡；在制作工艺上要求果袋有透气孔，袋口有扎丝，内外袋相互分离。

3.套袋时间

套袋时间过早，果实外观质量好，但内在品质下降，日灼果多，果柄细，易掉袋；套袋过晚，果实果柄粗壮牢靠，不易损伤，但套袋果皮褪绿不彻底，底色黄绿，摘袋后着色慢。甘肃省灵台县苹果套袋时间根据品种特性和物候期确定。早中熟品种在谢花后10～15d（5月中下旬）进行，尽快完成；生理落果重的品种，在生理落果后套袋；晚熟品种在谢花后3～6周内（6月上中旬）完成。套袋在阴天天气下可全天进行，晴天天气下一般以上午9～12时和下午3～7时为宜。

4.套袋要求

不要见果就套，要选择发育良好、果形端正、高桩、易下垂的中短枝果实进行套袋，并除去花器残体。每一株果树按先上后下、先里后外的顺序进行套袋。套袋时先用左手托住纸袋，右手拨开袋口，半握拳撑鼓袋体，使袋底两角的通气排水孔张开；再用双手执袋口向下套入果实，果梗置于袋上沿纵切口基部，使幼果悬空于袋内中央，再将袋口左右横向折叠于扎丝处，捏成V形夹住袋口并捏紧，如图6-13所示。

套袋步骤1

套袋步骤2

套袋步骤3

套袋步骤4

套袋步骤5

套袋步骤6

图6-13　套袋步骤

（二）套袋去除

1. 除袋时间

除袋一般在果实采收前3～5周进行，应选择袋内温度较低时（时间为上午8～11时，下午4时以后）去袋。阳光直射到的外围果、树头果在阴天去袋，内膛果宜在晴天去袋。

2. 除袋要求

双层纸袋分2次除袋，先去外袋，5～7d后去内层袋。取袋后喷一次不污染果面的杀菌剂和优质补钙药剂（严禁喷施杀虫剂）。

四、人工增色技术

（一）铺银色反光薄膜

去袋后立即铺银色反光膜（图6-14），可显著改善树冠内膛光照条件，提高果面着色度。

（二）摘叶转果

摘叶在除袋后5d进行，主要摘除3 ~ 5片直接接触果面的叶及果实周围5 ~ 10cm内的遮光叶（图6-15）。转果时用手轻托住果实转动180°，使果实阴面转到阳面。转果最好是在早晚时段进行，单果应向同一方向转动，转后将果实贴于树枝上，双果应向相反方向转动。

图6-14　铺银色反光薄膜　　　　　　　　图6-15　摘叶转果

第七章
病虫害综合防控技术

apple

苹果病虫害防治要坚持"预防为主、综合防治"的植保方针和"治早、治小、治了"的要求。一般条件下,防治果树病虫害的方法有五种,即农业防治、生物防治、物理防治、化学防治、植物检疫。其基本原则是以农业和物理防治为基础,生物防治为核心,根据病虫害的发生规律,科学使用化学防治技术,有效地控制、推迟或减轻病虫危害,把损失控制在经济准许的阈值内。

一、苹果主要病虫害及综合防治措施

(一)苹果主要病害

苹果病害有100多种,主要为真菌病害。病毒病和生理病害也很常见。危害严重的病害种类有20多种,根据为害苹果的部位不同,把病害分为以下几类:

[果实病害]轮纹病、炭疽病、黑红点病、霉心病、水心病、痘斑病、锈果病等。

[叶片病害]花叶病、小叶病、褐斑病、斑点落叶病、白粉病、锈病、黄叶等。

[枝干病害]苹果腐烂病、轮纹病等。

[根系病害]圆斑根腐病、紫纹羽病等。

(二)苹果主要害虫

为害苹果的害虫有300多种。果园常见害虫有50多种,危害严重的种类有20余种,根据为害部位的不同,可分为以下几类:

[花器害虫]小青花金龟。

[果实害虫]桃小食心虫、梨小食心虫、苹小食心虫、吸果夜蛾、蝽等。

[叶部害虫]蚜虫、山楂叶螨、二斑叶螨、苹果瘤蚜、金纹细蛾、金龟子、顶梢卷叶蛾、苹小卷叶蛾、介壳虫、大青叶蝉等。

[枝干害虫]吉丁虫、星天牛、云斑天牛、苹果绵蚜等。

[根系害虫]蛴螬(金龟子幼虫)。

受病虫危害程度一般的苹果园年直接经济损失在20%以上,若防效不佳时损失更大。

（三）苹果综合防治的主要措施

1. 严格执行植物检疫

执行植物检疫就是依据国家法令，通过检疫、禁止危险性病虫害随植物及农产品由国外传入或国内输出；对国内局部分布的危险性病虫，应在一定的范围内，限制其传播；当危险性病虫传入到一个新地区后，应采取紧急措施，就地肃清。

2. 加强病虫害预测预报

病虫害的预测预报是指根据病虫发生的规律，结合苹果的物候、气象、天敌等进行全面科学分析，预测病虫害未来发展的态势，为及时防治病虫害提供最佳时期和方法，最终达到及时控制病虫危害，确保苹果生产达到安全、稳产、优质的目的。

3. 落实农业综合防治

农业防治是综合防治的基础，主要有以下方法。

（1）果园选择与规划、定植。选择土壤通透性好、排灌优良、前茬未种植同类（属）果树的地块建园。果园周边不适合栽刺槐和桧柏等，以减少介壳虫和锈病的发生。按定植标准挖穴、施肥，合理密植，适时定植。

（2）品种、砧木苗木的选择和处理。因地制宜，选用抗（耐）病品种，剔除病苗和弱苗，不栽植根瘤苗，以防止危险性病虫害传播。从生长良好的母树上取接穗，提倡栽植脱毒苗，预防病毒病。

（3）土壤管理。一是深翻改土，增施有机肥，增强树势，增加树体抗性，结合深翻改土，深埋枯枝落叶，减轻食心虫、早期落叶病等越冬基数，减少病虫害发生。二是及时中耕。生长季节降雨或灌水后，及时中耕松土除草，以调温保墒。三是行间生草。增加土壤有机质含量，疏松土壤，保水，改善果园小气候，减少病虫害的发生，提高果实品质，促进果树正常生长。

（4）疏花疏果，合理负载。结合疏花疏果摘除病果、病叶、病梢等，以树定产，合理负载。

（5）冬、夏果树修剪。通过合理修剪，改善通风透光条件，剪除病虫枝梢、病僵果等。

（6）清园。刮除腐烂病病斑，刮除老翘皮，消除病虫害越冬场所，彻底清扫枯枝落叶，对减轻果园多种病虫危害有很好的效果。

4. 积极实施生物防治

生物防治是指利用生物或其代谢产物控制有害种群的发生、繁殖或减轻其危害。一般利用有害生物的寄生性、捕食性和病原性天敌来消灭有害生物。天敌的类群包括天敌昆虫和昆虫病原微生物。生物防治方法，概括起来有以虫治虫、以菌治虫、以菌治病、食虫动物治虫、生物绝育法和激素法等。生物防治病虫害将是今后果园病虫害防治的主方向，是生产绿色果品特别是有机果品的主要措施。果园生物防治方法有以下几种：利用寄生性昆虫，如寄生蜂防治；利用捕食性昆虫，如草蛉、瓢虫、捕食螨防治；利用昆虫病原微生物，如莓茎菌、白僵菌等防治；利用食虫益鸟，如啄木鸟等防治；利用抗菌素防治病害，如多种农用抗菌素防治；利用昆虫激素，如性激素、保幼激素等防治。

5. 应用物理机械防治

物理机械防治是指利用各种物理因子（光、电、色、温湿度等）或器械防治害虫，包括捕杀、诱杀、阻隔、高温处理等。物理机械防治有如下方法。

（1）人工捕杀。冬季刮去枝干老翘皮，可消灭红蜘蛛、卷叶虫、轮纹病等越冬体。对枝干上的介壳虫可用铁刷子刷。对吉丁虫可采用人工刮除幼虫，捕捉成虫方法捕杀。对金龟子可在傍晚进行人工捕捉，集中杀毁。

（2）诱集捕杀。利用害虫习性进行诱捕，果园经常使用杀虫灯（图7-1）诱杀、食饵诱杀、潜所诱杀、性诱剂诱杀（图7-2）等。其中深秋树干捆绑诱虫带（图7-3）或粘虫板（图7-4），初春集中杀毁，是非常经济的诱杀措施，值得大面积推广应用。

图7-1　杀虫灯

图7-2　性诱剂 诱杀

图7-3　诱虫带　　　　　　　　　　　　图7-4　粘虫板

（3）阻隔保护。常用果实套袋、涂粘虫环、树干扎塑料裙、树干涂白等措施，进行阻隔保护。

6.科学进行化学防治

化学防治就是日常所说的农药防治。一定要根据绿色食品对农药种类的要求进行用药。使用农药时一定要对症用药、适时用药、科学用药，合理混合、轮换、安全用药。配药浓度要准确，不能太小也不能太大。注意合理采用喷药技术，先树上后树下，先内膛后外围。防治果实病虫害，要把药重点喷洒在果实上；防治叶类病虫，要把药喷到叶子背面，喷布均匀，不要喷得过多、流在地上，造成不必要浪费、污染环境。果园局部发生病虫害时可挑治。

二、主要病害及防治方法

（一）真菌类病害

1.苹果树腐烂病

苹果树腐烂病又名串皮病、烂皮病、臭皮病、溃疡病，是苹果生产中常遇到的一个十分严重的病害，病原为子囊菌黑腐皮壳属真菌。

症状　枝干被侵染后，症状表现有溃疡和枝枯两种类型，以溃疡型为主。溃疡型（图7-5）多发生在主干和主枝上，发病初期病部呈现红褐色略隆起，水渍状，组织松软，用手指按之即下陷。病部常流出黄褐色汁液，病皮极易剥离。腐烂皮层呈鲜红褐色，湿腐状，有酒糟味。发病后期，病部失水干缩，变黑褐色下陷，其上产生黑色小粒点。枝枯型（图7-6）多发生在衰弱树和小枝、果台、干桩等部位，发病初期病部呈红褐色，略潮湿肿胀，但边缘界限不明显，病部不隆起，染病枝迅速失水、干枯。枯死皮下病组织呈褐色或暗褐色，

图7-5　溃疡型腐烂病症状

图7-6　枯枝型腐烂病症状

开始时松软、糟烂，以后变硬。发病后期，病皮上长出较密的小黑点。枝枯型腐烂病常在小枝上烂一圈，造成枝条枯死，并常常向下蔓延到大枝上，使大枝发病。

果实被侵染后，初期病斑呈褐红色，圆形或轮纹状，边沿清晰，病组织松软，有酒糟味，后病斑呈黄褐色与褐红色交替轮纹向果心发展。后期病斑中部形成黑色小颗粒，有时呈轮纹状排列。

发病条件与规律　病菌在病树皮内越冬，早春产生分生孢子，遇雨分生孢子分散，随风周年飞散在果园上空，从皮孔及各种伤口侵入树体，在侵染点潜伏或发病。

凡能引起树势衰弱的因素都可引起病害发生。大小年现象严重、冻害和日灼、施肥技术不当、枝条失水、虫伤、修剪不当或修剪过重，不注意剪锯口保护等，都会引起苹果树腐烂病的发生。

苹果树腐烂病一年有两个发病高峰期，即3～4月和8～9月，春季危害重于秋季。树势健壮、营养条件好时，发病状况轻；树势衰弱，缺肥干旱，结果过多，受冻害、日灼及红蜘蛛影响时，腐烂病大规模发生。

防治方法　防治苹果树腐烂病应采取以培养强壮树势为中心，以及时保护伤口、减少树体带菌为主要预防措施，以病斑刮除、药剂涂抹为辅助手段的综合防治措施。

（1）树体保护。花芽露红期、果实采收后和果树休眠期可选择使用45%施纳宁水剂300倍液或430g/L戊唑醇悬浮剂2 500～3 000倍液，70%甲基硫菌灵800倍液、80%大生M45 800倍液喷雾，特别要注意淋湿枝干。使用60%有机腐殖酸钾（钠）30～40倍液，或2.12%腐殖酸铜水剂5～10倍液，胶体硫2倍液，3%甲基硫菌灵糊剂50倍液涂刷主干和主枝基部，促进落皮层的脱落，减少表面溃疡的形成。

（2）刮治。在早春和秋季发现腐烂病斑要及时刮治，将刮除的残体集中园外烧毁，刮除部位涂抹拂蓝克、噻霉酮、络氨铜、甲硫萘乙酸、腐殖酸铜等药剂。具体操作：彻底将变色组织刮干净，往外再刮 1 ～ 2cm；刮口要圆滑不留毛茬，上端和侧面留立茬，尽量缩小伤口，下端留斜茬，避免积水。

（3）剪锯口涂药保护，树干涂白防冻，减少病死伤组织。

（4）桥接。对主干上已治愈且超过主干横径一半的病疤，利用萌蘖或冬季收藏的枝条，在生长季采用单枝或多枝进行桥接，以利辅助输导养分，促进树势恢复。

（5）清园及修剪。及时剪除病枯枝，刮除粗老翘皮，彻底清除修剪后残枝落叶，集中烧毁或深埋，并做好修剪工具的消毒。在不耽误农时前提下，适当避开冬季气温最低时间段修剪，以免低温对修剪伤口造成冻害。同时，对较大的修剪伤口要进行刷药保护，以便伤口愈合，防止病毒侵染。

2. 苹果轮纹病

苹果轮纹病又名粗皮病、轮纹烂果病，病原为子囊菌和葡萄座腔菌，属真菌。

症状　苹果轮纹病主要为害枝干（图7-7）和果实（图7-8）。病菌侵染幼枝后，首先引起瘤状突起，随着侵染的继续，病瘤开裂，病瘤周边的皮层裂开翘起，病斑中央产生小黑点。当病害发生严重时，病斑连片发生，枝干表皮显得十分粗糙。被侵染的果实通常在近成熟期开始出现病斑，初期形成以皮孔为中心的水渍状近圆形褐色斑点，随后很快向周围扩散，典型的病斑表面具有深浅相间的同心轮纹。

发病条件与规律　病原菌在被害枝干上越冬，翌年春季病菌首先侵染枝干，然后侵染果实。病菌侵染果实多集中在 6 ～ 7 月。幼果受侵染后不立即发

图7-7　枝干轮纹病症状　　　　　图7-8　果实轮纹病症状

病，处于潜伏状态，当果实近成熟时才发病，果实采收期为田间发病高峰期，果实储藏期也是该病的主要发生期。果实生长期，天气多雨高湿有利于发病，特别是降水量达到10mm以上时，果园中大量的病原菌开始繁殖、迅速扩散，并侵入到果实和树体中。

防治方法 根据轮纹病的发生特点，防治应该以加强肥水管理、清除病残体、套袋或喷药保护，以及在果实采后进行低温储藏为主。

（1）加强栽培管理。加强果园管理，培养树势，改善果园通风透光性，合理施用氮、磷、钾肥，增施有机肥，合理控制产量。

（2）清除越冬菌源。萌芽前刮除病瘤及老翘皮，集中烧毁或深埋，用3%甲基硫菌灵糊剂50倍液涂刷主干和主枝基部。

（3）套袋防病。套袋是比较有效的防治果实轮纹病的措施。

（4）果树生长期喷药保护。果树生长期要加强喷药保护，结合其他病虫害防治树体喷药保护。可用70%甲基硫菌灵可湿性粉剂800倍液、50%多菌灵可湿性粉剂500倍液、25%丙环唑乳油400倍液或30%戊唑醇悬浮剂600倍液全树喷雾。在7～8月雨多的季节，使用波尔多液保护效果好。

（5）储藏期防治。果实在储藏前应严格剔除病果及其他有损伤的果实，然后放在低温下储藏，0～2℃储藏可控制病害的发生。

3. 苹果褐斑病

苹果褐斑病，又称"绿缘褐斑病"，主要为害叶片，是导致苹果早期落叶的主要病害。病原在有性状态下称苹果双壳菌，属子囊菌真菌。无性世代苹果盘二孢菌属半知菌类真菌。

症状 苹果褐斑病主要为害叶片，其次是果实和叶柄。

（1）叶片症状（图7-9）。褐斑病在叶片上的症状主要有针芒型、同心轮纹型和混合型3种。

图7-9 苹果褐斑病症状

[针芒型] 病斑呈针芒放射形向外扩展，斑点小且多，形状不固定，病斑上有很多隆起的小黑点，后期叶片渐黄，病部周围及背部仍保持绿色。

[同心轮纹型] 发病初期叶面出现黄褐色小点，逐渐扩大为圆形，中心黑褐色，周围黄色，病斑周围有绿色晕圈，直径为1～2.5cm，病斑中心出现轮纹状黑色小点，病斑背部中央深褐色，四周浅褐色，无明显边缘。

[混合型] 病斑暗褐色，较大。近圆形或数个不规则病斑连接在一起形成不规则形，直径为0.3～3cm。其上散生黑色小点，但轮纹状不明显，后期病叶变黄，病斑边缘仍保持绿色，病斑中间呈灰白色。

上述3种症状一般难以区分，品种不同发病症状不同。3种症状的共同特点是：发病后期病斑中央变黄，周围仍保持绿色晕圈，且病叶容易脱落。

（2）果实症状。果实染病初期果面有淡褐色小点，渐扩大呈圆形或不规则，边缘清晰，褐色斑稍凹陷，直径为4～6mm，表面散生褐色小点，病斑表皮下果肉褐色，组织疏松不深，呈干腐海绵状。

（3）叶柄症状。叶柄染病后，产生长圆形褐色病斑，常常导致叶片枯死脱落。

发病条件与规律 褐斑病病菌在落叶上、一年生枝的叶芽和花芽以及枝条的病斑上越冬，春暖后产生分生孢子和子囊孢子，当温度达23℃、相对湿度超过95%时孢子萌发，然后从叶背侵入（主要侵染20d以上叶龄叶片）。病菌主要借风雨传播。田间自然发病始见于4月下旬，5月下旬遇雨可形成当年第一个发病高峰，至6月中下旬即可造成严重危害。7月下旬至8月上旬，由于秋梢大量生长，病害发生达到全年的高峰，严重时果树出现大量落叶。病害发生的早晚与轻重取决于春秋两次抽梢期间的降水量以及空气的相对湿度，降雨多、湿度大则发病重。

防治方法

（1）冬春季清除落叶。冬春季节清除果园内及果园附近的病落叶，春季中耕将未清除干净的病叶翻于地下，能有效控制褐斑病的发生。

（2）加强肥水管理，合理修剪，改善通风透光条件，减少负载量，增强树势，减少病害。

（3）药剂防治。苹果萌芽至5月下旬雨季来临之前，褐斑病处于零星发生期。这一时期要将病叶率控制在1%以下，以减轻雨季防治的压力。主要是前期的防治，在套袋前5月下旬至6月中旬连喷3次优质杀菌剂。药剂可选用代森锰锌600倍液、43%好力克可湿性粉剂5 000倍液、50%朴海因可湿性粉剂1 500倍液、80%大生M45可湿性粉剂800～1 000倍液、杜邦易保68.75%乳油1 500倍、70%安泰生粉剂1 000倍液等保护性杀菌剂。7～8月是苹果褐斑病的发病盛期，如出现感病，应用杀菌剂＋保护性杀菌剂混合使用的方式，可采用铲除性43%戊唑醇悬浮剂3 000倍液＋70%代森锰锌800倍液，或交替用20%苯醚甲环唑乳剂3 000倍液或40%氟硅唑乳油8 000倍液＋80%甲基硫菌灵800倍液，于6～7d后再喷1次长效保护剂倍量式波尔多液［硫酸铜：生石灰：水＝1：2：（160～200）］。间隔25d后再喷第2次波尔多液，彻底控制早期落叶病。

4. 苹果斑点落叶病

苹果斑点落叶病又称苹果褐纹病，病原为链格孢苹果转化型半知菌链格孢属真菌。

症状 苹果斑点落叶病主要为害叶片，尤其是展叶20d内的幼嫩叶片；也为害叶柄、一年生枝条和果实（图7-10）。

图7-10 苹果斑点落叶病症状

（1）叶片症状。新梢的嫩叶上产生褐色至深褐色圆形斑，直径为2～3mm。病斑周围常有紫色晕圈，边缘清晰。随着气温的上升，病斑可扩大到5～6mm，呈深褐色，有时数个病斑融合，成为不规则形状。空气潮湿时，病斑背面产生黑绿色至暗黑色霉状物，为病菌的分生孢子梗和分生孢子。中后期，病斑常被叶点霉真菌等腐生，变为灰白色，中间长出小黑点，为腐生菌的分生孢子器，有些病斑脱落、穿孔。夏、秋季高温高湿，病菌繁殖量大，发病周期缩短。秋梢部位叶片病斑迅速增多，一片病叶上常有病斑10～20个，影响叶片正常生长，常造成叶片扭曲和皱缩，病部焦枯，易被风吹断，残缺不全。

（2）枝干症状。在徒长枝或一年生枝条上产生褐色或灰褐色病斑，芽周变黑，凹陷坏死，直径为2～6mm，边缘裂开。发病轻时，仅皮孔稍隆起。

（3）果实症状。果面的病斑有4种类型，即黑点锈斑型、疮痂型、斑点型和黑点褐变型。

［黑点锈斑型］果面上的黑色至黑褐色小斑点，略具光泽，微隆起，小点

周围及黑点脱落处呈锈斑状。

[疮痂型] 灰褐色疮痂状斑块，病健交界处有龟裂，病斑不剥离，仅限于病果表皮，但有时皮下浅层果肉可变为干腐状木栓化。

[斑点型] 以果点为中心形成褐色至黑褐色圆形或不规则形小斑点，套袋果摘袋后病斑周围有花青素沉积，呈红色斑点。

黑点褐变型果点及周围变褐，周围花青素沉积明显，呈红晕状。

发病条件与规律 病菌以菌丝体在病叶、枝条和芽鳞上越冬，第二年春季产生分生孢子。苹果展叶后，气温上升到15℃左右，天气潮湿时，产生分生孢子，随气流、风雨传播。在叶面有雨水和湿度大、叶面结露时，病菌在水膜中萌发，从皮孔侵入进行初侵染，温度为20～30℃、叶片有5h水膜，病菌可完成侵入。在17℃时，侵入病菌经6～8h的潜育期即可出现症状。果园密植，树冠郁闭，杂草丛生，树势较弱、通风透光不良、地势低洼、枝细叶嫩等均易发病。此外，叶龄与发病也有一定关系，一般感病品种叶龄在12～21d时最易感病（图7-11）。

图7-11 苹果斑点落叶病发生规律

该病害一年有2个发病高峰期。第1高峰从5月上旬至6月中旬，病菌孢子量迅速增加，至春秋梢和叶片大量发病，严重时造成落叶；第2高峰在9月，秋梢发病重度再次加重，造成大量落叶。

防治方法 春梢期防治病菌侵染，减少园内菌量；秋梢期防治病害扩散蔓延，避免造成早期落叶。

（1）冬春季清洁果园。结合冬剪，彻底剪除病枝。落叶后至发芽前彻底清除落叶，集中烧毁，消灭病菌越冬场所。

（2）生长季节管理。7～8月及时修剪，疏除内膛的过密枝条，剪除徒长枝，以改善果园内的通风透光条件，但要严格控制疏枝量，降低园内小气候环境湿度，减少秋梢的发病。

（3）加强栽培管理，科学施肥，增强树势，提高树体抗病能力。

（4）药剂防治。对于苹果斑点落叶病，重点控制5月中旬至6月上旬春梢叶片发病；对于秋梢上的病害，可随苹果褐斑病和轮纹病一起防治。常用药剂有：戊唑醇、多抗霉素、代森锰锌、异菌脲、百菌清、苯醚甲环唑、恶唑菌酮等，对斑点落叶病都有较好的防治效果。

5.苹果霉心病

苹果霉心病又称心腐病、霉腐病、红腐病、果腐病，是由多种真菌混合侵染引起的、发生在苹果上的病害。发病轻重与苹果果实的品种有关，元帅系品种发病重，富士品种发病相对较轻。

症状 果实受害从心室开始，逐渐向外扩展霉烂（图7-12）。病果果心变褐，充满灰绿色的霉状物，有时为粉红色霉状物。病果在树上有果面发黄、未成熟失绿，果形不正或着色迟缓的现象，生长后期可见果实上半部分着色、下半部分不着色。这类果实多为霉心病果，霉心病果外观不易辨认，切开果实后，果实心室内有墨绿色或粉红色霉状物，称为霉心；条件适宜时，病菌迅速扩展，导致果实变褐坏死，不整齐地向果实外缘扩展，局部烂到果面，产生烂果。在储藏过程中，当果心霉烂发展严重时，果实胴部可见水渍状、褐色、形状不规则的湿腐斑块，斑块可彼此相连成片，最后全果腐烂，果肉味苦。

图7-12 苹果霉心病症状

发病条件与规律 苹果霉心病是由多种真菌复合侵染引起的。病菌主要在树上的僵果、病枯枝及落叶中越冬，翌年春季产生分生孢子，靠气流传播侵染。病菌通过花和果实的萼筒进入心室扩展蔓延或潜伏，自花期开始至果实生长期都可侵染，其中花期侵染率最高。从幼果至果实成熟均可发病。6月可见病果脱落，果实生长后期脱落增多。有些病果在储藏期才表现出症状。

防治方法

（1）加强栽培管理，增强树势，在幼果期和果实膨大期可叶喷糖醇钙2～3次，增加树体中钙的含量，有助于降低呼吸强度，提高耐衰能力，减轻果实病害。

（2）彻底清园，降低病源基数。冬剪时，结合剪枝剪除树上病僵果，随时摘除病果，带出园外烧毁或深埋。

（3）药剂防治。对于苹果霉心病发病严重的果园或品种，分别在开花前、开花后和幼果期各喷1次杀菌剂。苹果花期宜选用作用温和、广谱高效的杀菌剂，如多抗霉素（宝丽安）、甲基硫菌灵（甲基托布津）、络合态代森锰锌等。注意在花期不宜使用三唑类杀菌剂。

6. 苹果炭疽病

苹果炭疽病又名苦腐病、晚腐病，是由小丛壳属病菌侵染所引起的病害。

症状 苹果炭疽病主要为害果实，也为害枝梢和果台，但很少见（图7-13）。果实发病初期，果面上出现淡褐色圆形病斑，迅速扩大后成为褐色或深褐色病斑，果肉软腐下陷，呈圆锥状向果心深入。后期病斑中部产生突起的小粒点，呈同心轮纹排列，初期为褐色，很快变为黑色，并突破表皮。空气潮湿时，产生粉红色

图7-13 苹果炭疽病症状

黏质分生孢子团。枝干发病多在病虫枝、枯死枝及生长衰弱枝的基部，发病症状与果实近似，病斑表面同样产生黑色小粒点。后期病皮龟裂脱落，严重时病部以上枝条逐渐枯死。

发病条件与规律 炭疽病病菌在病果、僵果、果台、干枯的病枝条等处越冬，翌年春季越冬病菌形成分生孢子，借雨水、昆虫传播，进行初次侵染。果实发病以后产生大量分生孢子进行再次侵染，生长季节不断出现的新病果是病菌反复侵染和病害蔓延的重要来源。病菌自幼果期到成熟期均可侵染果实。一般7月开始发病，8月中下旬之后开始进入发病盛期，采收前达发病高峰。

储藏期如果条件适宜，受侵染的果实仍可发病，高温高湿是炭疽病发生和流行的主要条件。

防治方法　对苹果炭疽病应采取以套袋或喷药保护为主的防治措施，辅以清除越冬菌源和初侵染菌源的控制策略。

（1）清除越冬菌源。冬季结合修剪，彻底清除树上的僵果、枯枝和干枯果台、粗皮枝和翘皮枝。

（2）加强栽培管理，增强树势，避免用刺槐林做果园的防护林。

（3）药剂防治。苹果花露红至花序分离期，结合其他病虫害的防治喷布1次广谱、内吸、能标本兼治的三唑类杀菌剂，如氟硅唑（福星）、戊唑醇（好力克）等药剂。坐果后可喷施络合态代森锰锌、噁唑菌酮、甲基硫菌灵等。

7. 苹果黑星病

苹果黑星病又称苹果疮痂病、黑点病，是由苹果黑星菌侵染所引起的、发生在苹果上的病害。

症状　苹果黑星病主要为害叶片或果实，叶柄、果柄、花芽、花器及新梢从落花期至苹果成熟期均可为害（图7-14）。叶片发病，在正面或背面先出现淡黄绿色大小不等的近圆形病斑，扩大后逐渐变褐、变黑，上有绒毛状霉

图7-14　苹果黑心病症状

层。后期叶片病斑向上突起，中央变成灰色或灰黑色。叶柄也常被侵染，其病斑呈长条形或梭形，上覆黑色霉层，病叶常提早脱落。枝干受害时，在枝端十几厘米以内的部位产生黑褐色长椭圆形病斑，枝条长大时病斑会消失。花器受害时，花瓣褪色，萼片尖端呈灰色，因有绒毛覆盖，不易被察觉。花梗变黑色，发病时花脱落。幼果和成熟果均可受害，初期为淡黄绿色小斑点，后变成黑褐色或黑色病斑，表面有绒毛状的黑色霉层，随着果实的生长，病斑逐渐凹陷，呈龟裂状。若果实染病较早，生长停滞，果实发育不平衡，常呈畸形。晚秋受害的果实，病斑小而密集，呈黑色或咖啡色，但栓皮层不破裂。

发病条件与规律 病原主要以菌丝体在病枝和芽鳞内或以子囊壳在病叶中越冬。第2年春季，子囊孢子成熟，降雨后从子囊壳中弹射出来，随风雨传播，成为当年的初侵染源。病原侵染后在病斑表面产生分生孢子，成为再次侵染的主要来源。病原可被蚜虫传播。各品种间感病性存在一定差异。降雨早、雨量大的年份发病重。5～6月花蕾开放和花瓣脱落期的降水量是决定该病害流行的重要因素。

防治方法

（1）加强检疫。严格执行检疫制度，谨防带病苗木、接穗和果实从病区传入无病区。

（2）减少侵染源。秋末冬初彻底清除落叶、病果，集中烧毁或深埋。春季刮除治溃疡病斑，早春子囊孢子释放前在地面喷洒1：1：200的波尔多液，以杀死病叶中的病菌。

（3）维持健壮的树势，合理修剪，提高树体抗病力。

（4）药剂防治。从苹果落花后10d开始，对树上喷洒430g/L戊唑醇悬浮剂3 000倍液，或12.5%烯唑醇可湿性粉剂2 000倍液。果实套袋后，选用40%氟硅唑乳油8 000倍液，或200g/L氟酰羟·苯甲唑悬浮剂1 000倍液。

8. 苹果白粉病

苹果白粉病是由白叉丝单囊壳菌引起的病害。

症状 苹果白粉病主要为害苹果树的幼叶或嫩梢，也可为害芽、花及幼果（图7-15）。休眠芽受害，外形瘦长，顶端尖细，芽鳞松散，表面茸毛少，呈灰褐色或暗褐色。春季病芽萌发后，叶丛相较于正常的叶丛细弱，生长缓慢，叶片不易展开，初期在叶片背面被覆白色粉状物，后期逐渐变为褐色，并逐渐蔓延到叶正反两面，病叶自叶尖或叶缘逐渐变褐，最后全叶干枯脱落。花芽受害，轻者花瓣变为淡绿色，变细变长，萼片、花梗畸形，雌雄蕊丧失授粉

图7-15　苹果白粉病症状

和受精能力；严重的花蕾萎缩枯死。嫩梢受害，生长受抑制，节间缩短，其上着生的叶片变得细弱，叶缘上卷，严重时，病梢变褐枯死。幼果受害，多发生在萼洼的附近，萼洼处产生白色粉斑，病部变硬，果实长大后白粉脱落，形成网状锈斑。变硬的组织后期形成裂口或裂纹。苗木发病初期，顶端叶片及嫩枝上发生灰白色斑块，病叶渐萎缩，变褐焦枯。

发病条件与规律　白粉病病菌主要以菌丝体在芽鳞内越冬，其中顶芽带菌率最高，其下的侧芽依次减少，第4个侧芽后的侧芽很少带菌。春季叶芽萌动时，越冬菌丝开始活动为害，借助气流传播侵染嫩叶、新梢、花器及幼果。病菌在4～9月均能侵染致病，4～6月为发病盛期。病害在7～8月高温季节受到抑制，8月底再度在秋梢上为害，9月以后逐渐衰退。该病害的发生与气候条件关系密切，春季温暖干旱有利于前期病害的发生和流行，夏季多雨凉爽、秋季天气晴朗有利于后期发病。

防治方法

（1）清除菌源。休眠期结合冬季修剪，去除病芽，早春及时去除病叶，减少病菌侵染源。

（2）加强栽培管理，及时摘除病叶，剪除病梢，并用石硫合剂喷涂发病部位。

（3）药剂防治。关键是在萌芽期和花前花后期做好树上喷药。硫制剂对此病有较好的防治效果，萌芽前期喷布3～5波美度石硫合剂。花前可喷0.5波美度石硫合剂或50%硫悬浮剂150倍液。发病重时，花后可交替喷布25%粉锈宁1 500倍或10%世高2 000倍液等。或秋季发病期，还可选用12%腈菌唑乳油2 000～3 000倍液、25%丙环唑乳油4 000倍液、12.5%烯唑醇可湿性粉剂2 000倍液、40%氟硅唑乳油8 000倍液喷布。

9. 苹果锈病

苹果锈病又称赤星病，病原为山田胶锈菌，属于担子菌亚门胶锈菌属。

症状 病害主要为害叶片，还可以侵害苹果的嫩梢、果实等幼嫩绿色组织（图7-16）。叶片发病，先在叶面上产生橘黄色小斑点，后病斑逐渐扩大，成为近圆形的淡黄色病斑，外围有一圈黄绿色的晕环。发病1～2周后，病斑正面产生针头大的颗粒，初为橘黄色，可分泌黄色黏液，后黏液干涸，颗粒变为黑色。病斑背面稍隆起，其上丛生淡黄色毛状物（锈孢子器），后期病斑变黑。病斑多时引起叶片焦枯早落。叶柄发病，病部呈橙黄色，稍隆起，多呈纺锤形，初期表面产生小点状性孢子器，后期病斑周围产生毛状的锈孢子器。新梢发病，刚开始与叶柄受害相似，后期病部凹陷、龟裂、易折断。幼果发病，多在萼洼附近产生近圆形或椭圆形的斑点，初为橙黄色，后变为褐色，中部产生初为黄色后为黑色的性孢子器，外围着生初为淡黄色后为灰白色的须状锈孢子器。病斑组织坚硬，生长停滞，幼果多呈畸形。嫩枝发病，病斑呈橙黄色，梭形，局部隆起，后期病部龟裂。病枝易从病部折断。

图7-16 苹果锈病症状

发病条件与规律 苹果锈病病菌每年仅侵染一次。常因为桧柏等转主寄主的存在而严重发生。该病菌在桧柏上以菌丝体在菌瘿中越冬，第2年春季形成褐色冬孢子角，遇雨或空气极度潮湿时即膨大。冬孢子萌发产生大量小孢子，随风传播到苹果树上，侵染苹果叶片、新梢和果实等部位，产生锈斑。苹果锈病的流行与早春的气候密切相关，4～5月展叶开花后，若遇阴雨连绵，降水量达到50mm以上，则有利于病菌传播和侵染。

防治方法 防治策略应以控制侵染为主，防止担孢子侵染苹果树。

（1）清除转主寄主。彻底清除果园周围5km以内的桧柏等转主寄主。无转主寄主，锈菌不能完成生活史，锈病则不发生或发生很轻。在还没有清除转主寄主的情况下，需要在春雨前剪除桧柏等转主寄主上的菌瘿，并在苹果树萌芽前在转主寄主上喷布2～3波美度石硫合剂。

（2）药剂防治。在苹果展叶至幼果期喷2～3次药，用药间隔为10～15d，如果降雨则可适当缩短间隔期，最好雨后立即喷药。常用药剂有：20%三唑酮（粉锈宁）、12.5%烯唑醇（速保利）、12.5%腈菌唑、40%福星、倍量式波尔多液 [1 ：2 ：(200～240)] 等。为防止病菌侵染桧柏等转主寄主，阻止病菌越冬，在6～7月喷药1～2次保护转主寄主，常用药剂同上。

10. 苹果树圆斑根腐病

苹果树圆斑根腐病，又称苹果根腐病。致病菌原为尖孢镰刀菌、弯角镰刀菌和腐皮镰刀菌。

症状　春季苹果树展叶后，树上枝条和叶片开始出现症状（图7-17）。一般先从须根发病，围绕须根形成红褐色圆斑，病斑扩大互相连接，深入木质部，使整段根变黑死亡。根据染病时间长短、病情轻重和气候条件的不同，地上部在展叶后的5月常表现出的症状类型如下。

图7-17　苹果树圆斑根腐病症状

（1）萎蔫型。病株萌芽后整株或部分枝条生长衰弱，叶簇萎蔫，叶片向上卷缩，形小而色浅，新梢抽生困难，花蕾皱缩不开，或开花不坐果，枝条也呈现失水，表现皱缩或枯死，有时翘起呈油皮状。衰弱大树多属这一类型。

（2）叶片青干型。上一年或当年感染而且病势发展迅速的病株，在春旱、气温较高时病株叶片骤然失水青干。症状多从叶缘向内发展或从主脉扩展，在病部和健部之间有明显的红褐色晕带，严重时老叶片脱落。

（3）叶缘枯焦型。病势发展较缓，春季不干旱时表现此种症状。病株叶尖或边缘焦枯，中间部分保持正常，病叶很快脱落，病株地下部分先从须根开始发病，病根变褐枯死，围绕须根的基部形成一个红褐色圆斑，随着病斑的扩大及相互愈合，病部变为凹凸不平，病健组织交错，最后深达木质部，使整段根变黑死亡。

（4）枝枯型。根部腐烂严重，与烂根相对应的枝条发生枝枯，皮层变褐下陷，好皮与坏皮界线分明，后期坏死皮层极易剥离，木质部导管变褐，上下相连。

发病条件与规律 病原菌以菌丝体及菌素在病根及其周围的土壤中长期存活。其传播扩展主要是由病根与健根接触、病残组织转移、菌素蔓延等造成的。干旱、缺肥、土壤盐碱化、水土流失严重、土壤板结通气不良、结果过多、大小年严重、杂草丛生以及其他病虫（尤其是腐烂病）的严重危害等导致果树根系衰弱的各种因素，都是诱发病害的重要因素。

防治方法

（1）增强树势，提高抗病力，加强其他病虫防治。

（2）剪除病根。当树上某一部位出现枝叶萎蔫、枝枯等圆斑根腐病症状时，在发生症状同一垂直位置刨开土壤，下有一根系会出现根腐，根皮有红褐色圆斑，将其病根剪掉，剪除到好根部位，带至果园外烧毁。

（3）土壤消毒灭菌。挖出病根部位的土壤并断根，用药剂灌根处理。目前较为有效的药剂有硫酸铜晶体 500 倍液、70%甲基硫菌灵可湿性粉剂 1 500 倍液、50%多菌灵可湿性粉剂 800 倍液、2%农抗 120 水剂 200 倍液等。

（4）挖出处理后的土壤晾晒 3 ～ 5d 后，从果园行间挖出好土回填到坑里。

11. 套袋苹果黑点病

套袋苹果发生的黑点病是由苹果斑点小球壳菌侵染所引起。但其主要原因是由套袋导致果实生长环境的变化引起的，是套袋苹果的主要病害，严重影响果品质量，造成较大的经济损失。

症状

（1）黑点型。黑点大小多为 1 ～ 3mm，中心色浅，有时病斑中央有裂纹、白色绒膜状果胶。黑点多集中于萼洼、萼肩部位。

（2）褐斑型和红晕褐斑型（图7-18）。病斑分布于果面、果肩，褐色至黑褐色，一般为 3 ～ 5mm 的圆

图7-18 套袋苹果黑点病症状

斑,边缘有或无红晕或暗绿色晕环。病斑稍凹陷,有些具有小空洞,裂纹或白色胶沫,病斑不深入果肉。

(3)红点型。果面上呈现以皮孔为中心的红色和紫色斑点,病斑不深入果肉。

发病条件与规律 套袋苹果黑点病是由真菌引起的。病原菌在枯枝和病果上越冬,其分生孢子主要靠风雨传播,从伤口入侵或直接从皮孔入侵。从苹果套袋后到9月,病菌均可侵染果实,6月下旬开始发病,7月上旬至8月上旬为发病盛期。高温高湿有利于该病发生,不同结果部位、不同质地的果袋发病轻重程度不同。

防治方法

(1)选择优质果袋,创造一个良好的生长环境是避免红、黑点病发生的首要条件,即选用通气性好、排水好的双层三色优质纸袋为宜。

(2)加强果园管理,合理修剪,提高树体抗性。

(3)药剂防治。花后至套袋前选用优质杀菌剂,以多抗霉素、农抗120为宜,低洼地除袋后要立即喷药,可有效减轻病害。

(4)适期采收,套袋果采收越迟,红、黑点病越严重。尤其对于低洼地势的果园来说,更应早采果实,确保果面干净,亮度好。

(二)病毒性病害

1. 苹果花叶病

苹果花叶病是由苹果花叶病毒、土拉苹果花叶病毒或李坏死环斑病毒中的苹果花叶株系侵染所引起的、发生在苹果上的病害。

症状 主要在叶片上形成各种类型的褪绿鲜黄色病斑或深绿浅绿相间的花叶(图7-19),有斑驳型、花叶型、条斑型、环斑型、镶边型5种类型,区别如下。

图7-19 苹果花叶病症状

（1）斑驳型。病叶上出现大小不等、开头不定、边缘清晰的鲜黄色病斑，后期病斑处常易枯死。在年生长周期中，这种病出现最早，而且是花叶病中常见的一种症状。

（2）花叶型。病叶上出现较大块的深绿与浅绿的色变斑，边缘清晰，发生略迟，数量不多。

（3）条斑型。病叶上会沿中脉失绿黄化，并延及附近的叶肉组织。有时也沿主脉及支脉发生黄化，变色部分较宽；有时主脉、支脉、小脉都会呈现较窄的黄化，能使整叶呈网纹状。

（4）环斑型。病叶上会产生鲜黄色的环状或近似环状的病纹斑，环内仍呈绿色。发生一般少而晚。

（5）镶边型。病叶边缘的锯齿及其附近发生黄化，从而在叶边缘形成一条变色镶边，近似缺钾症状，病叶的其他部分表现正常。这种病症仅在金冠、青香蕉等少数品种上偶尔见到。

在病重的树上叶片易变色、坏死、扭曲、皱缩，有时还可导致早期落叶。感染花叶病毒的病斑上易发生圆斑病；病株新梢节数减少，因而造成新梢短缩；病树果实不耐储藏，而易感染苹果炭疽病。

发病条件与规律　苹果花叶病是由植物病毒侵染引起的。苹果树感染花叶病毒后，全树都带有病毒。病毒不断增殖，终生为害。此病主要靠嫁接传染，也可通过修剪工具、菟丝子、苹果蚜虫、木虱、线虫等传毒。病树早春萌芽不久即出现病叶，4～5月发展迅速，其后减慢；7～8月病害基本停止发展。病树抽发秋梢后，症状又重新发展，10月急剧减缓。

防治方法

（1）选用无病毒苗木。严格落实检疫制度，避免病害由病苗传播，禁止在病株上采接穗作为繁殖材料，繁育无病毒苗木。

（2）对感病较轻的植株增强树势，病重植株予以淘汰。加强感病较轻果树的肥水管理，提高树体抗病能力。对重病树或花叶病幼树，应予刨除，改栽无病树，以防后患。

（3）春季展叶时喷1.5%植病灵乳油1 000倍液，或20%盐酸吗啉胍·铜可湿性粉剂4 000倍液，或0.05%～0.1%硝酸稀土，隔15～20d喷1次，连续2～3次，果实采收前再喷1次；也可以在萌芽前后，用0.05%～0.1%稀土溶液树干注射1～2次，株用量0.5～1kg。目前尚无根治花叶病的药剂，市场上出现的抗病毒药剂，也只能暂时缓解或抑制病害症状的显现。

（4）利用苹果花叶病毒的弱毒株系进行干扰，可起到减轻危害的作用。

2. 苹果锈果病

苹果锈果病又称花脸病、裂果病，是由苹果锈果类病毒侵染所引起的、发生在苹果上的一种病毒性病害。

症状 锈果病是全株性病害，苹果锈果病主要为害果实，也为害叶片和茎干（图7-20）。叶片受害时，叶片背面反卷，在中脉附近急剧皱缩。病苗中上部茎出现不规则褐色木栓化锈斑，表面粗糙，龟裂，病皮翘起露出韧皮部，韧皮部内有黑色坏死条纹或坏死点。茎干受害时，枝干中部以上及芽眼周围形成褐色近圆形的突起溃疡斑，严重时在干上形成一块块癫皮，韧皮部有坏死的黑色细条纹。果实受害时表现出5种症状。

图7-20 苹果锈果病症状

（1）锈果型。典型症状是果面上有五条与心室相对的褐色木栓化锈斑，斑上有众多的小裂口；锈斑自果顶附近发生，而后沿果面向果柄处发展；病果较健果小，渣多，严重时为畸形，无法食用。

（2）"花脸"型。果实着色不均，成为红色和黄绿色相间的斑块，状如"花脸"，较锈果型症状轻，轻者可食用，嘎啦等品种此类症状表现突出。

（3）锈果裂果型。同锈果型病症相似，不同的是锈斑上龟裂。重病果在锈斑上产生许多裂口，纵横交错，几乎扩及整个果面，果面凹凸不平，果实畸小，果肉僵硬。

（4）锈果花脸复合型。在同一病果上表现出既有锈斑又有花脸的症状，着色前病果顶部有明显的散生锈斑，着色后则在未发生锈斑部分或在锈斑的周围发生不着色的斑块。中熟品种红香蕉、元帅、红玉、赤阳、倭锦、红海棠等表现此症状。

（5）绿点型。果面产生不着色的绿色小晕点，呈黄绿色，使果面出现黄绿相间或浓淡不均的小斑点。金冠、黄冠等品种受害，果着色后显现许多绿色小晕点，边缘不整齐。

发病条件与规律 病原病毒直接侵染，有嫁接传播和接触2种传播途径。也可以通过间接侵染，渠道有昆虫传播、人为传播和带病植物传播3种方式。昆虫传播主要以刺吸式害虫为主。

苹果树和梨树混栽或靠近梨树的苹果树发病多。嫁接接种的潜育期为3～27个月，一旦发病，症状会逐年加重，为全株永久性病害，无法治愈。结果树发病时，一般是个别显现症状，经过2～3年才扩展到全树。染病果实幼果期先是锈果型，到7～8月开始裂果，遇雨水后大部分变黑，自然脱落，失去了食用价值。只有个别品种果实染病后还可以食用，但商品价值不高，品质低劣。

防治方法

（1）繁育和栽培无病毒苗木是防治苹果锈果病的根本办法。用种子来繁育砧木（种子一般不带病毒），选用无病毒接穗。

（2）严格检疫，禁止病苗调入建园地，果园发现病株立即连根拔掉销毁。

（2）防止作业工具的交叉感染。修剪时，先用酒精等消毒剂对修剪工具进行消毒，防止交叉感染。先修剪无病植株，而后修剪有病植株。嫁接工具严格进行消毒。

（4）严禁苹果与梨树混栽。梨树是锈果病的带毒寄主，不表现症状但可传播病毒，生产中禁止苹果与梨树混栽或在梨园内培育苹果苗木。新建苹果园要尽量远离梨园和病果园，在苹果园周围300m以内的范围内不得栽植梨树。

（三）生理性病害

1. 苹果小叶病

苹果小叶病常导致果树新梢不能正常生长，属缺素症，是由缺锌引起的病害。

症状 小叶病症状主要表现在新梢和叶片上，发病初期叶片叶色浓淡不均，叶脉间色淡，变黄绿色（图7-21）。春季症状较明显，病枝发芽稍晚；节间缩短，叶片异常狭小；质硬脆，呈黄绿色或脉间黄绿色；叶缘向上，叶片不平展，严重时病枝可枯死。病枝花芽明显减少，花较小不易坐果，果实小而畸形。病重树长势衰弱，发枝力弱，树冠不扩展，产量明显下降。

发病条件与规律 苹果小叶病多是由于树体锌元素含量不足引起的生理病害，而不合理的修剪措施如去枝不当、重环剥，亦能引起小叶病。

防治方法

（1）喷施含锌叶面肥。盛花期后，树上喷0.2%硫酸锌和0.3%～0.5%尿

图7-21 苹果小叶病症状

素混合液，效果较好，但只能解决当年发生的病害问题。

（2）土壤施入锌肥。果树发芽前，地下施硫酸锌，盛果期大树每株施0.5～1kg，较长效，但春季施入后，至翌年才能起作用。

（3）增施有机肥，深翻改土，避免在碱性土地上建园。

2. 苹果黄叶病

黄叶病又名黄化病，也叫缺铁失绿病。

症状 新梢旺盛生长期症状最为明显（图7-22）。从新梢的幼嫩叶片开始，叶肉先变黄，叶脉保持绿色，呈绿色网纹状，后期全叶变成黄白色，叶绿焦枯，最后全叶枯死、早落。

图7-22 苹果黄叶病症状

发病条件与规律 盐碱土或石灰质过多的土壤容易发生黄叶病，特别是碱性土壤水分过多时发病严重；果树生长旺盛，遇持续干旱，土壤含盐量过高，发病严重。进入雨季后黄叶病减轻或消失。地下水位高，低洼地及重黏土质的果园容易发病。用山定子作砧木，在盐碱地区黄化病危害严重。

防治方法

（1）选用抗性砧木，避免在碱性较重的土地建园。

（2）加强土壤改良，增施有机肥，果园种草培肥，可减少黄化病的发生。

（3）土壤增施硫酸亚铁，一般结合施基肥进行；盛果期树每株施0.5kg，施用1次可维持1～2年。

（4）叶面喷洒0.3%～0.5%硫酸亚铁溶液，半个月喷1次，共3～4次，于新梢旺盛生长期进行。

3. 苹果水心病

苹果水心病又称蜜果病、糖果病，是苹果常见的生理性病害。一般认为该病害的发生与果树钙、氮含量的不平衡有关。

症状 病果内部组织的细胞间隙充满细胞液而呈水渍状，局部果肉组织呈水渍状，半透明，具甜味（图7-23）。病变可发生在果心中间或果肉维管束周围，或者在果心和果肉维管束周围同时发生，还可发生在果皮下。病果较重，含酸量较低，略带酒味。后期，病组织腐败，变褐。

图7-23 苹果水心病症状

发病条件与规律 水心病是由于糖积累，钙、氮含量不平衡而打乱了果实正常习性所致，推迟了果实采收。初结果树上的果实，树冠外围直接暴晒在阳光下，出现日灼症状的果实。在近成熟期，昼夜温差较大的地区，果实易发病。大果比小果发病多，平常用高氮低钙肥的果园，会加重果实发病。品种不同，抗病能力不同。

防治方法

（1）加强栽培管理，适当修剪，适当回缩结果枝，防病保叶，避免果实直晒而出现日灼，引起水心病；增施复合肥和磷肥，不施或少施氨态氮肥；对感病品种应适时采收，不要晚采。

（2）苹果落花后3周、5周和采果前10周、8周，各喷1次0.3%～0.5%氯化钙或硝酸钙水溶液。

（3）苹果储藏前，用4%～6%氯化钙水溶液浸泡5min，果面晾干后再入库储藏。

4. 苹果裂果病

苹果裂果病是近年来苹果生产中出现的一种危害较为严重的病害，尤其以红富士品种受害更重，给果业生产造成极大危害，常导致果实商品率低，经济损失惨重，严重年份危害率高达30%以上，该病的防治是苹果优质生产中必须解决的课题。

症状 苹果裂果病主要表现在果实梗洼或萼洼处呈纵向开裂，宽度为1～5mm，甚至更宽，深度达1cm左右。开裂一般呈单裂，严重时交叉开裂（图7-24）。

图7-24　苹果裂果病症状

发病条件与规律 该病害属生理病害，主要是水分供应不匀，或天气干湿变化过大导致的。果实裂果的严重程度与品种及储藏期的温湿度有关。

防治方法

（1）平衡果树水分供应，使果树在各个时期都能得到足够的水分。在干旱期，应及时补充树体水分，确保树体生长平衡。

（2）加强栽培管理。通过果园生草、覆草措施，注重有机肥的施用，适当增施钾肥，增强果园水分调节能力，提高土壤有机质含量，为果树创造良好的土肥水生长环境，培养中庸健壮的树势，减轻裂果病的发生。

（4）果实套袋。苹果套袋能平衡果实水分，明显降低裂果率。

（5）适期采收可有效降低裂果率，提高商品率。

5.虎皮病

虎皮病又名褐烫病，是苹果储藏后期最易发生的生理病害。

症状 发病初期，果皮变淡褐色，呈不规则块状，此后，变为褐色至暗褐色，微凹陷（图7-25）。果皮下6～7层细胞也变为褐色，但病斑不深入果肉。发病严重的果实，果肉发绵，稍带酒味，病皮可以剥下，病果很易腐烂，

图7-25　虎皮病症状

表现为两种类型。

（1）衰老型虎皮。表现为果皮上的棕色斑块可能凹陷和粗糙，边缘明显，通常呈带状。

（2）软虎皮。通常果皮受到伤害，但经常深入到果肉3mm左右。软虎皮发生后易被侵染性病害感染。

发病条件与规律 虎皮病的直接原因是果皮细胞中α-法呢烯（α-farnesene）的生成及其氧化产物共轭三烯的累积，但影响发病的因素比较多。

（1）品种。以澳洲青苹、国光发病最重，青香蕉、印度次之，富士、金冠、元帅（花牛）等品种着色差、未成熟的果实也易发病，秦冠等发病较少。

（2）栽培。过量施用氮肥，树冠郁闭，着色不良的果实，特别是果实上未着色的阴面，往往发病最重。

（3）采收期。采收过早，果实成熟不足也是发病的重要原因。入库过晚，不能及时预冷，在库外高温条件下滞留时间过长，导致发病。

（4）气候条件。生长发育期高温干旱，灌水过多或生长后期多雨，导致果实发育过大。

（5）库温管理。库温偏高，果实衰老进程加快。

（6）通风换气。库内通风换气不良，致使不良气体（α-法呢烯、共轭三烯、乙烯等）积累。

（7）储藏期。储期过长，果实衰老。冷藏条件下，晚熟品种如富士的储藏期限为6～7个月，过长易发病。

防治方法

（1）采取合理的栽培技术。多施用有机肥，控制氮肥施入量；合理修剪，使树冠通风透光，以促进果实着色。

（2）适期采收。保证果实正常成熟。

（3）及时入库，及时预冷。采后24h内入库预冷。

（4）保持适宜而稳定的冷库温度。多数苹果品种的储藏适温为−1～0℃。

（5）加强储藏库通风。降低库体内不良气体的浓度，主要是乙烯浓度控制在1mg/kg以下。

（6）1-MCP处理。入库时用一定浓度（1μL/L左右）的1-MCP熏蒸（0℃下熏蒸24h，室温下熏蒸10～12h），可有效降低发病率。

（7）采用气调储藏。元帅系采用0℃，氧气为1.6%，二氧化碳浓度小于或等于≤1.8%。富士系采用0℃，氧气浓度为1%～2%，二氧化碳浓度小于或等于≤1%。超低氧储藏：于氧气浓度为0.7%条件下储藏；或在氧气浓度为

1.5%气调之前，用氧气浓度为0.5%胁迫处理2周，均可减轻虎皮病的发生。

（8）控制储藏期。在安全期限内销售出库。

6. 苦痘病

苦痘病又称苦陷病、斑点病，是苹果成熟期、储藏期常发的一种缺钙生理病害。

图7-26　苦痘病症状

症状　该病害主要为害果实（图7-26）。发病初期，果皮下的浅层果肉细胞发生褐变，果面出现轻微凹陷、颜色较暗的圆斑，斑下的果肉坏死干缩呈海绵状，味微苦。随着病害的发展，果面病斑显著凹陷，颜色加深，直径达3～6mm，深度可达1cm。病斑颜色因苹果品种而异，红色品种上呈暗红色，黄色品种上呈深绿色，青色品种上呈灰褐色，有的品种上还呈棕绿色、深咖啡色、深黑色。果面上邻近的病斑有时可连接在一起，形成大而不规则的斑块。1个果实上可出现多个病斑，病斑在果面上分布不均，靠近萼洼部位多，靠近果柄一端极少。

发病条件与规律　目前倾向性的认识是苦痘病为一种缺钙生理病害，与果实中的氮、钙含量及氮钙比有关。

有资料表明，当果实中的氮钙比等于10∶1时，不发生苦痘病；而当氮钙比大于10∶1甚至达30∶1时，则发病严重。化学分析结果也证明发病果实较之正常果实的钾、镁含量高，而钙的含量低。此外，苦痘病的发生与品种及砧木特性、立地条件、树体生长与结果状况以及栽培等诸多因素有关。寒富、蜜脆、瑞阳、秦脆、富士、嘎啦、元帅、斗南、金冠等品种较易感病。

防治方法

（1）改良果园土壤，降低地下水位，增施有机肥料，合理修剪，适量结果，避免生长中、后期偏施氮肥等。

（2）幼果期和采前喷洒0.3%～0.5% $CaCl_2$ 液或 $Ca(NO_3)_2$ 液，可减轻病害。生长季喷施10～13次钙剂（特别是幼果细胞分裂期）。

（3）采收后用0.75%～1.0% $CaCl_2$ 溶液真空浸渍果实，适当降低储藏温度，均有利于减少苦痘病的发生。

（4）生产上留双果、果实控制在80mm以下。少施氮肥，控制秋梢生长，控制果实衰老。

（四）根结线虫病

症状

（1）根部症状。症状主要在根部，线虫寄生在根皮与中柱之间，使根组织过度生长，形成大小不等的根瘤状肿大（图7-27）。细根染病多，感染严重时，可出现次生根瘤，并发生大量小根，使根系盘结成团，形成须根团。由于根系受到破坏，影响正常机能，使水分和养分难于输送，加上老熟根瘤腐烂，最后使病根坏死。

图7-27 根结线虫症状

（2）茎部症状。新梢生长缓慢，长势弱。

（3）叶片症状。叶片变小、叶色发黄、无光泽，叶缘卷曲，呈缺水状或缺素症花叶等病状，最后叶片干枯脱落。

（4）果实症状。结果少而小。

（5）全株症状。在发病情况下，病株的地上部无明显病状，但随着根系受害逐步变得严重，树冠出现枝短梢弱、长势衰退等病状，受害更重时全株死亡。

发病条件与规律

苹果根结线虫主要以卵或2龄幼虫在土壤中越冬。4～5月新根开始活动后，幼虫从根的先端侵入，在根里生长发育。当虫体膨大成香肠状时，致根组织肿胀，8月上旬形成明显的瘤子，8月下旬后，在瘤子里产生明胶状卵包，并产卵，卵聚集在雌虫后端的胶质卵囊中，卵囊的一端露在根瘤之外，每卵囊有卵300～800粒。初孵化的幼虫又侵害新根，并在原根附近形成新的根瘤。秋末，以成虫、幼虫或卵在根瘤中越冬。5月开始活动，并发育成下一虫态，苹果根结线虫2年发生3代，在土壤中随根横向或纵向扩展，多数生活在土壤耕作层内，有的可深达2～3m。

防治方法

（1）选用前作为禾本科作物的土地播种，可减少初侵染来源。反复犁耙翻晒病土可减少土壤中线虫的数量。在1～2月，挖除病株表层的病根和须根团并移出果园外曝晒烧毁，每株施石灰1.5～2.5kg。对于轻病树，清除病根并涂药保护，换上无病土或药土即可使病树康复；对于重病树，在根颈基部嫁接新根，或者在病树周围栽植新苗木，再桥接到主干上，以苗木根系代替病树根系。

（2）药物防治。使用线翘翘淡紫紫孢菌冲施灌根2次，以1.5～2倍浓度进行冲施，间隔7～10d灌根2次，效果较好。可用50%辛硫磷乳油800倍液或1.8%阿维菌素乳油2 000～3 000倍液，喷灌土壤，也可用50%辛硫磷乳油22.5～45kg/hm²，拌入有机肥，施入土中，或制成毒土撒施后，翻入深10～30cm土壤中。

三、主要害虫及防治方法

（一）桃小食心虫

为害状　桃小食心虫又名桃蛀果蛾，简称桃小。幼虫多由果实胴部蛀入，直达果心，从蛀孔流出泪珠状果胶，俗称"滴眼泪"，不久干涸呈白色蜡质粉末，蛀孔愈合成小黑点、略凹陷（图7-28）。幼虫入果后常在果肉中串食，排

图7-28　桃小食心虫为害状

粪于隧道中,俗称"豆沙馅",后期则多入果心食害种子,没有充分膨大的幼果受害多呈畸形,俗称"猴头果"。幼虫在果内经过20d左右,会咬一个圆形脱落孔,脱出果外,爬出孔口后直接落地,入土越冬。

防治方法 桃小食心虫的防治,应采用地下防治与树上防治、化学防治与人工防治相结合的综合防治办法,根据虫情测报开展适期防治是提高优质果率的关键。

(1)农业防治。

[地面覆膜] 以树干基部为中心,半径1.5m左右的范围内,覆盖塑料薄膜,边缘用土压实,可阻挡越冬幼虫出土和羽化的成虫飞出为害。

[摘除或拣拾虫果] 及时摘虫果、拣虫果,可以减少树上用药次数或不施药。一般摘除虫果是从6月下旬开始,每半个月进行1次。

[果实套袋] 苹果套袋是防治桃小的最好方法,选择优质果袋于6月中旬越冬代成虫产卵之前给果实套袋,可高效控制桃小食心虫害。

(2)诱杀雄成虫。从5月下旬开始在果园内悬挂桃小食心虫性诱剂,每亩2~3粒,诱杀桃小食心虫雄蛾。1.5个月更换1次诱芯。对于孤立的果园,可基本控制桃小食心虫害,非孤立果园只能用于虫情测报,监测卵虫为害时间和指导用药时间。

(3)化学防治。

[树下防治] 根据幼虫出土的监测,当幼虫出土量突然增加时,即幼虫出土达到始盛期时,应开始1次地面施药。可用48%毒死蜱乳油300~500倍液或48%毒·辛乳油200~300倍液,均匀喷洒在树盘内。

[树上防治] 在地面用药后20~30d树上进行喷药防治,或依据田间系统调查,当卵果率为0.5%~1.0%、初孵幼虫蛀果前进行树上喷药;也可通过性诱剂测报,在出现诱蛾高峰时喷药,选择药剂有4.5%高效氯氰菊酯水乳剂1 500~2 000倍液、2.5%高效氯氟氰菊酯水乳剂1 200~1 500倍液等,均有较好的防效效果。要求喷药必须及时、均匀、周到。为了保护果园天敌,可用25%灭幼脲3号悬浮剂1 000倍液喷布。

(二)梨小食心虫

为害状 梨小食心虫又称东方蛀果蛾,简称梨小。与桃小食心虫主要为害果实相比,梨小食心虫前期为害嫩梢,后期为害果实(图7-29)。蛀食嫩梢时从韧皮部蛀至木质部,蛀孔处流出胶状物和幼虫排泄的虫粪。新梢受害后很快变黄、干枯、死亡、折断,俗称"折梢"。幼虫为害果实多从萼

图7-29 梨小食心虫为害状

洼或梗洼处蛀入，直达果心，不窜食，在果面上留下针头大小的蛀果孔，早期被害果蛀孔外会有虫粪排出，晚期被害果多无虫粪。幼虫老熟后脱果结茧。

防治方法

（1）诱杀成虫。在前期虫口密度较低时，在苹果园内设性诱器诱杀雄虫，或设置糖醋液（糖：醋：白酒：水=1：3：3：20）加少量敌百虫，诱杀成虫，每亩15个，防治效果显著。

（2）释放天敌。7～8月在果园释放松毛虫赤眼蜂，每代卵期放2～3次，每次每亩2万头，可获得较好的防治效果。

（3）药剂防治。从7月初开始，每3天调查1次卵果率，当卵果率达到1%时，即行施药。在以常规化学防治为主的果园，使用的菊酯类农药对梨小食心虫的控制效果良好，可使用20%氰戊菊酯乳油2 000倍液或2.5%溴氰菊酯乳油2 000倍液等，当需要结合防治红蜘蛛时，可用1.8%阿维菌素3 000～4 000倍液。也可选用对天敌和环境安全的25%灭幼脲3号悬浮剂1 000倍液，每隔10d左右喷1次，连喷2～3次。

（三）苹果黄蚜

为害状 苹果黄蚜又叫绣线菊蚜，主要为害果树的嫩叶和嫩梢，幼叶叶尖向背面横卷，使新梢生长量受到一定抑制，对于幼树的生长势有一定的影响（图7-30）。蚜群量特大时，还可上果为害，从肛门排出的蜜露常盖满叶表面及果面，既影响叶的光合作用，也影响果面的外观，使果面易受霉污菌的侵染，降低果品商品性。

图7-30 苹果黄蚜害状

防治方法

（1）增加天敌数量。苹果黄蚜的天敌有很多，如瓢虫、草蛉、食蚜蝇、蚜茧蜂、猎蝽等，通过果园生草可明显增加这些昆虫数量。

（2）适量布置黄板。苹果黄蚜属于有翅蚜，在迁飞过程中会表现出趋黄性，可通过布置田间黄板来进行捕杀。在5～6月，每亩地布置黄板20张左右，悬挂在苹果树中上部主枝的外侧。

（3）化学防治。在苹果黄蚜越冬时期，选用48%毒死蜱乳油800～1 000倍液或5%柴油乳剂等进行喷雾防治，喷雾时要将果树上下、里外喷布均匀，不留死角，在苹果开花之前喷布。

苹果黄蚜发生期，选用25%噻虫嗪水分散粒剂4 000倍液或50%吡蚜酮可湿性粉剂3 000倍液或10%吡虫啉可湿性粉剂3 000倍液等药剂进行喷雾防治，温度高于20℃使用40%啶虫脒可湿性粉剂3 000倍液。注意轮换使用药剂，防止害虫产生抗药性。

（四）苹果瘤蚜

为害状 苹果瘤蚜又叫苹果卷叶蚜。苹果被害后嫩芽不能正常展开，已展开的叶受害后叶边缘向叶背面呈双条形纵卷，叶片出现红斑，随后变为黑褐色而干枯死亡（图7-31）。幼果被害后果面呈现多个略凹陷且形不正的红斑。受害较轻的树，仅有少数的当年生新梢的上半部枝叶卷曲为一团，受害的枝条不能形成正常的腋芽和顶芽。受害严重的树，大部分新梢枝叶卷曲，果实小而畸形，甚至死树。

防治方法

（1）剪除有虫枝梢。根据瘤蚜在果园点片分布的特点，对受害较轻、仅有少量枝梢卷叶的树，在生长期要多次检查，发现一枝剪掉一枝，并烧毁深埋。

（2）保护天敌。苹果瘤蚜的天敌草蛉、捕食性瓢虫食蚜量都很大，要注意保护和利用。

图7-31　苹果瘤蚜为害状

（3）药剂防治。在苹果树发芽后15d喷10%吡虫啉可湿性粉剂3 000倍液、2.5%扑虱蚜可湿性粉剂2 000倍液、3%啶虫脒乳油2 000倍液、50%抗蚜威1 500～2 000倍液或0.5%苦参碱800～1 000倍液，可获得良好的效果。

（五）苹果绵蚜

为害状　苹果绵蚜又名血色蚜虫。苹果绵蚜以无翅孤雌蚜和若蚜群集于苹果枝干剪锯口周围、枝条叶腋及近地表的根上寄生为害，吸取汁液，消耗果树大量营养，降低树体活力（图7-32）。枝条、根部被害处组织因受刺激形成肿瘤，肿瘤老化后破裂，阻碍水分、养分的输导，受侵袭根不能长出须根，受害枝条发育不良、形不成花芽。由于蚜虫腹部背面覆有白色蜡质棉毛，导致蚜虫群落呈现白色棉絮状，极易辨认。

防治方法

（1）生物防治。利用日光蜂、寄生蜂及瓢虫等自然天敌对苹果绵蚜进行控制。

（2）化学防治。

[树干敷药] 一是早春果树发芽前，刮除老翘树皮或虫疤，消灭潜伏在这里越冬的苹果绵蚜，并于距地面40cm左右的主干上轻刮一圈宽约10cm的树皮，包扎浸泡药液的废布，可有效阻止越冬苹果绵蚜上树为害。药剂及浓度为：25%噻虫嗪悬浮剂100～200倍液、50%吡蚜酮可湿性粉剂50～100倍液、10%吡虫啉可湿性粉剂100倍液等。

[灌根防治] 对根部棉蚜的防治主要是苹果树开花前，在苹果树主干基部

图 7-32 苹果绵蚜为害状

1.5 ～ 2m范围内铲去10cm深的表土，按照每株25%噻虫嗪悬浮剂有效含量8g或10%吡虫啉可湿性粉剂有效含量12g，并加水5 ～ 10kg，灌入根部后覆土，重点是根颈部和根颈部周围50cm范围的侧根，该药在土壤中可维持药效25 ～ 30d。

[地上喷药防治] 一是早春刮完树皮后，全树喷布10%吡虫啉1 000倍液，对苹果绵蚜有极好的防效。二是5 ～ 6月，苹果绵蚜发生较多的果园可喷布2.5%扑虱蚜可湿性粉剂1 000倍液、5%啶虫脒可湿性粉剂2 000倍液、22%吡·毒乳油2 000倍液，进行防治。三是在9月中旬后，如有个别树苹果绵蚜数量较多，可再喷1次药剂。

（六）山楂叶螨

为害状 山楂叶螨也叫山楂红蜘蛛，活动螨主要在苹果叶片背面刺吸叶肉组织，并吐丝拉网，破坏叶组织的叶绿素，导致为害部位失绿（图7-33）。螨数量少时，从叶片正面可见局部众多的失绿斑点，随着时间的延续，螨量的

图7-33　山楂叶螨为害状

增长，失绿面积逐渐增大，直至整个叶片焦枯、脱落，整棵树像被火烤过一般。螨害严重时，会大大削弱树势，影响花芽的形成，对果品的产量和质量造成重大的影响。

防治方法

（1）保护利用天敌。果园生草可以增加果园生物多样性。此外，人工释放叶螨天敌——捕食螨，在雌成螨产卵高峰期，利用其在树体内膛相对集中的特点，每亩释放10万只捕食螨，使其早春在树体上形成种群，解决天敌的追随现象。

（2）药剂防治。根据山楂叶螨的发生规律，对其进行的药剂防治应在以下三个关键时期酌情进行。

[越冬螨出蛰期] 在花芽膨大期，选择气温较高的无风天气，喷洒3～5波美度石硫合剂、45%晶体石硫合剂30倍液、45%多硫化钡可湿性粉剂50倍液或95%机油乳剂80～100倍液。

[第一代雌成螨产卵高峰期] 一般在5月上旬重点喷洒树冠内膛，以杀卵剂为主，如5%尼索朗乳油2 000倍液或20%四螨嗪悬浮剂2 000倍液，1年喷洒1次即可控制全年螨害。注意这类药剂年度间要交替使用，以减缓抗药性的产生。

[成螨高峰期防治] 一般在5月下旬，尽量选用对天敌安全的杀螨剂，如15%哒螨灵乳油2 500倍液，或73%炔螨特乳油2 000倍液，或50%苯丁锡悬浮剂2 000倍液，或25%三唑锡乳油1 500倍液，或24%螺螨酯悬浮剂5 000倍液等，喷雾时尽量做到均匀周到。这些杀螨剂要轮换使用，以免产生抗药性。

（七）苹果全爪螨

为害状　苹果全爪螨又叫苹果叶螨、苹果红蜘蛛，常与山楂叶螨混合发生，雌成螨主要在叶片正面活动为害，无结网习性（图7-34）。叶片受害初期，出现黄褐色失绿斑点，受害严重时叶片灰白、硬脆。最严重时叶片呈铜色革状以至憔悴，但很少落叶。

防治方法 喷药关键时期为越冬卵孵化期（早熟品种开花初期）和第2代若螨发生期（苹果落花后）。常用药剂有：20％螨死净悬浮剂2 000倍液、15％哒螨灵乳油2 000倍液、

图7-34 苹果全爪螨为害状

20％哒螨酮可湿性粉剂3 000倍液、5％尼索朗乳油2 000倍液、20％三唑锡悬浮剂1 000倍液、1.8％阿维菌素乳油5 000倍液。在越冬卵基数较大的果园，于苹果发芽前喷布99.1％敌死虫乳油、99％绿颖乳油100倍液、95％机油热雾剂80倍液，不仅消灭越冬卵，还可兼治蚜虫。

在果树生长期，可根据害螨发生数量的多少决定是否喷药。在一般年份，6月以前每个叶片平均有活动态螨3 ～ 4头时开始喷药；7月以后，每叶平均有活动态螨7 ～ 8头时开始喷药，不达到此指标时可以不喷药。在世代重叠的情况下，以杀卵为主时，选用杀卵效果好的杀螨剂，如螨死净、尼索朗等；以杀活动态螨或成螨为主时，选择杀成螨活性较强的杀螨剂，如哒螨酮、三唑锡、阿维菌素和浏阳霉素等。

（八）金纹细蛾

为害状 金纹细蛾1 ～ 3龄幼虫在叶背表皮下蛀入，致使叶下表皮与叶肉分离，所形成的泡囊不易被发现，4 ～ 5龄幼虫仍在两表皮之间取食，将叶肉吃成筛孔状，下表皮皱缩，形成从叶片正面可见的网状虫斑，此时虫斑呈梭形，长径约1cm，成虫羽化时蛹壳嵌留在虫斑的下表皮上（图7-35）。在天敌致死率很低的情况下，相邻两代间的虫斑密度会突增40多倍，严重时1张叶片有数个虫斑，造成大量叶片扭曲变形、枯黄早落，危害非常严重。

防治方法

（1）清除越冬虫源。在果树落叶后进行清园，尽量将落叶清除干净，可以大量减少越冬虫源。

（2）生物、物理防治。释放金纹细蛾跳小蜂，每亩地150头左右，后期寄生率高；微生物杀虫剂"7216"（苏云金杆菌类）1 500倍液加少量洗衣粉，防

图7-35　金纹细蛾及为害状

治效果较好；进行灯光诱杀，可设置黑光灯诱杀，每亩地设置1个；金纹细蛾性诱芯制成性诱捕器，预测成虫发生期，将金纹细蛾性诱捕器挂于树上，高度1.5m左右，每亩地放置1～2个，诱捕雄蛾。

（3）喷药防治。一般在5月底喷一次25%灭幼脲悬浮剂1 500倍液、2.5%溴氰菊酯2 000～3 000倍液或35%氯虫苯甲酰胺水分散粒剂2 000倍液，间隔25d再喷1次，也可选用1.8%阿维菌素乳油3 000倍液。

（九）苹小卷叶蛾

为害状　苹小卷叶蛾又叫棉褐带卷叶蛾、茶小卷叶蛾等，幼虫将叶片缠缀一起成虫苞后潜居其中食害叶肉，并可转移重新卷叶结苞为害（图7-36）。幼虫行动活泼，震动卷叶时幼虫剧烈扭动身体从卷叶中迅速脱出，吐丝下垂。在幼果期，幼虫能缀合叶片于幼果表面，啃食幼果表皮，使幼果严重伤残不能继续发育。

图7-36 苹小卷叶蛾为害状

防治方法

（1）生物防治。

[利用天敌] 苹小卷叶蛾第一代卵开始出现即释放松毛虫赤眼蜂，每隔5d 1次，共放4次，亩总放蜂量12万头，可取得90％以上寄生效果。

[利用成虫的趋化性] 用发酵豆腐水或酒醋液（酒：醋：水=5 : 20 : 80）加少许敌百虫诱杀成虫，也可利用趋光性黑光灯诱杀成虫，效果良好。这两种方法可以作为测报成虫发生期其数量消长的手段。

（2）化学防治。越冬幼虫出蛰盛末期（苹果花序分离期）或第一代幼虫发生高峰期，喷洒1～2次对天敌安全的特异性杀虫剂。药剂可选择20％虫酰肼悬浮剂1 500倍液、25％灭幼脲3号悬浮剂1 500倍液、20％虫螨腈乳油5 000倍液、24％甲氧虫酰肼4 000～5 000倍液等。

（十）顶梢卷叶蛾

为害状 顶梢卷叶蛾俗称顶芽卷叶蛾，幼虫食害新梢顶芽和嫩叶，使枝梢顶端的嫩叶卷缩、包合，影响树体发育（图7-37）。其特别对于苗圃中的果树苗木、果园中的幼树以及管理不良缺乏修剪的果树危害严重。

防治方法

（1）剪除有虫枝梢。结合冬季细致修剪，彻底将虫梢剪掉，集中烧毁或深埋。一般幼虫喜在梢上第三至五节侧芽附近过冬，所以剪梢位置相应低一些，春季发芽前最好再剪一次。出圃的苗木要在剪除虫梢后才能调出。

（2）生物防治。在顶梢卷叶蛾越冬代成虫羽化盛期，第一代卵期（6月中旬）释放松毛虫赤眼蜂，每隔5～6d放1次，共放4次，每次每亩平均放蜂35 000头。

（3）灯光诱杀。可设置黑光灯诱杀，每亩地设置1个。也可用性诱芯制成

图7-37 顶梢卷叶蛾为害状

诱捕器，诱捕雄蛾。

（4）药剂防治。首先，在幼虫活动期和吐丝结网前喷药防治。药剂选用20%杀灭菊酯乳油4 000倍液、25%灭幼脲悬浮剂1 500倍液、48%毒死蜱乳油1 500倍液、20%氰戊菊酯乳油3 000～3 500倍液、20%甲氧虫酰肼1 500～2 000倍液。其次，在春梢生长期，越冬幼虫化蛹、羽化前，进一步摘除漏网的新虫苞并收集烧毁或深埋。经过2次人工防治，全年可基本消除顶梢卷叶蛾为害。

（十一）金龟子

为害状 金龟子（图7-38）幼虫又叫蛴螬，在土壤中取食苹果树幼根。成虫在苹果开花后为害花、叶片和果实，一般在夜间为害，白天静伏。被害的果树叶片残缺不全或仅留下叶脉及叶柄。其在苹果花期取食花器，造成苹果无法正常授粉坐果，成虫还喜欢在果实伤口、裂果和病虫果上取食，将果实啃食成空洞。

防治方法

（1）化学防治。4月中旬，在金龟子出土盛期，用48%毒死蜱200～300倍液喷洒树盘土壤，能杀死大量出土成虫。在苹果显蕾期用48%毒死蜱1 000倍液或20%氰戊菊酯乳油2 000倍液于傍晚喷施树体和树盘土壤，防治效果在90%以上。5月底前后是金龟子发生盛期，用48%毒死蜱1 000～1 500倍液或2.5%高效氯氰菊酯乳油2 500倍液全园喷洒2次以上，注意药剂交替使用。

图7-38　金龟子

（2）人工捕杀。利用金龟子的假死性，傍晚先在树盘下铺一块塑料布，再摇动树枝，然后迅速将震落在塑料布上的金龟子收集，扑杀或喂鸡，成本低、效果好。

（3）理化诱控。

［灯光诱杀］铜绿金龟子等具有较强的趋光性，在有条件的果园，可在园内安装一个黑光灯、紫外灯或白炽灯，在灯下放置一个水盆或水缸，使诱来的金龟子掉落在水中，进行扑杀，也可直接使用振频式杀虫灯诱杀。

［趋化诱杀］可在果园内设置糖醋液（红糖1份、醋2份、水10份、酒0.4份、敌百虫0.1份）诱杀盆进行诱杀。下雨时，要遮盖药盆，以免雨水落入盆中影响诱杀效果。白星花金龟危害盛期，也是西瓜上市的季节，白星花金龟对完全成熟的西瓜有很强的趋向性，可将西瓜皮切开多块并加入敌百虫，悬挂在果树上进行诱杀。每天清晨收集一次成虫，2～3d更换一次西瓜皮。此方法成本低、操作简单、效果显著。

（十二）大青叶蝉

为害状　大青叶蝉，俗称浮尘子，在果树上主要是成虫产卵为害（图7-39）。成虫产卵时，以其锯状产卵器刺破枝条表皮呈月牙状翘起，产卵于其中。被害枝条严重时遍体鳞伤，导致抽条。一至三年生枝受害较重，在冬季低温和春季干旱时造成枝条因失水而枯死。

防治方法

（1）人工防治。在成虫产卵之前，即9月10日前，在树主干、主枝上涂

图7-39 大青叶蝉为害状

刷涂白剂，阻止成虫产卵。涂白剂的配制方法：生石灰25%，粗盐4%，石硫合剂1%～2%，水70%，还可加入少量杀虫剂。

（2）农业防治。新建果园原则上不允许种植间作物，避免受害。

（3）物理防治。利用大青叶蝉的趋光性，可于成虫发生期（9月上中旬）开始，设置黑光灯诱集成虫，早晨集中处理杀灭。

（4）药剂防治。在大青叶蝉聚集于果树上产卵前，即从9月10日开始，用2.5%氯氟氰菊酯3 000倍液＋3%高渗苯氧威3 000倍液喷施，或10%吡虫啉可湿性粉剂2 500倍液均匀喷雾。每隔7～10d喷1次，一般喷2次。喷药时，对果树及其地面的杂草和间作物要同时喷雾。防治上采取统防统治、联防联治的方法。大青叶蝉产卵时，对气温要求严格，不降霜绝不产卵，降霜后立即产卵，所以，在降霜前2d或降霜当日立即喷药，可杀死大青叶蝉。此时是喷药防治大青叶蝉的关键时期。

（十三）苹小吉丁虫

苹小吉丁虫是为害果树枝干的检疫性害虫，一般在管理粗放的幼树园发生较重。受害严重的树易引起死枝或死树，甚至毁园。属苹果园毁灭性害虫，需要引起高度重视。

为害状 苹小吉丁虫以幼虫蛀食枝干皮层为害，使木质部和韧皮部内外分离（图7-40）。随着幼虫的不断生长深达木质部，严重为害枝干的韧皮部和形成层，被害部位皮层呈黑褐色，凹陷，常有褐色黏液渗出（有红

图7-40 苹小吉丁虫为害状

黄色胶滴外溢即"冒红油"），严重时皮层开裂，甚至枯死。老龄虫在木质部越冬，少数以低龄幼虫在蛀道内越冬。4月上旬幼虫开始发生危害，5月中旬危害最重，5月下旬幼虫开始在木质部化蛹，5月上旬出现成虫，5月下旬至6月上旬是成虫羽化高峰期。成虫寿命为20～30d，8月上旬出现产卵高峰，卵多产在树干的向阳面。9月上旬为幼虫孵化高峰期，幼虫孵化后立即蛀入表皮为害。10月中下旬幼虫开始越冬。成虫具有假死性，喜欢温暖阳光，在白天活动，常在中午绕树干飞行。

防治方法

（1）保护啄木鸟，利用天敌防治，是防治苹小吉丁虫的措施之一。

（2）加强在6、7、8月喷药防治，杀死成虫。用药以48%毒死蜱乳油1 500倍液为主，或高效氯氟氰菊酯等菊酯类杀虫剂。

（3）被害虫疤表皮涂药。果树秋季落叶后到春季发芽前，在被害虫疤表皮涂抹10%甲维吡虫啉或煤油毒死蜱，每千克煤油加0.1kg毒死蜱，搅匀后用刷子涂抹，可杀死其中幼虫。

（十四）介壳虫

为害状　大多数寄生在苹果树的地上部分，特别是枝干（图7-41）。成虫、幼虫吸取枝干营养后，引起枝干皮层木栓化和韧皮部、导管组织的衰亡，从而引起落叶，严重时还会导致枝梢干枯和整株死亡。介壳虫还可以寄生在果实的萼洼周围，呈现红色晕圈，最后导致果实失水干缩。介壳虫的分泌物还能引起煤污病的发生，从而影响果树光合作用，造成树势衰弱，芽叶萎缩，导致苹果产量下降，收益下降。

介壳虫虫体小、繁殖快，既可两性繁殖也可孤雌生殖，一年繁殖2～7代，以雌成虫在果树枝干上越冬，翌年3～4月果树萌发阶段幼虫开始为害幼嫩枝叶，5月上旬开始产卵在介壳下，5月下旬至6月上旬为卵孵化盛期。初孵幼虫活动能力较强，喜

图7-41　介壳虫为害状

119

沿树干向上爬行。通常活动1～2d后，即潜入树皮缝隙、翘裂皮下和叶腋、果实等处，口针刺入寄主组织开始固定寄生。这个时期介壳虫幼虫体表尚未有蜡质层，药剂很容易渗透进害虫体内，是防治的最佳时期，此后介壳虫的虫体逐渐被厚厚的蜡质层所包裹，防治非常困难。

防治方法

（1）加强树体管理，控制氮肥，多施有机肥。秋季人工刷除枝干上的越冬若虫；对死株进行集中烧毁，彻底消灭虫源，以免传播；春季修剪病虫枝，选择石硫合剂等药剂涂干喷雾清园，杀灭病菌和虫卵，减少虫源和病害。

（2）化学防治。在4～6月，幼虫介壳尚未形成蜡质层前是防治的最佳时期。使用20%螺虫·呋虫胺悬浮剂2 000～3 000倍液或33%螺虫·噻嗪酮悬浮剂3 000～5 000倍液均匀喷雾，每10～15d喷施1次，连喷2次，可有效杀灭刚刚孵化的若虫，持效期可达50d以上。同时把握介壳虫会分泌絮状、盾形等各种保护层，让药液无法接触到虫卵和若虫而难被消灭的难点，以及其移动能力差等特点，防治时选择具有超强的内吸和渗透作用的药剂，同时添加良好助剂以增加药剂渗透性，达到杀灭介壳虫的目的。可以用22.4%螺虫乙酯1 200倍液＋啶虫脒1 000倍液＋矿物油1 000倍液＋有机硅农药增效剂混合之后喷雾，第1次喷药之后间隔15d喷药第2次，更有利于彻底杀灭当季的介壳虫。在选择药剂上，还可选择防治介壳虫比较好的配方如噻虫·高氯氟＋甲维·吡丙醚＋助剂、噻虫·高氯氟＋螺虫·吡丙醚＋助剂、甲维·吡丙醚＋啶虫脒＋助剂和螺虫·噻嗪酮＋甲维·吡丙醚＋助剂等。

四、自然灾害

（一）花期冻害

冻害发生规律

（1）近年来受暖冬气候影响，早春气温回升较快，一般在4月下旬苹果花期，若遇西北寒流、冷空气入侵或长期阴雨、冷高压控制、晴朗夜晚的强辐射冷却等异常天气，-2℃气温持续半小时以上，即会发生霜冻，低温出现越晚，对果树的危害越重。

（2）地势因素。同一纬度下，海拔越高，冻害越重；阴坡、风口处、川道、地势低洼地块及树体下部冻害特别重；连片建园的受害较重，单块小面积果园受害轻；背风向阳、土壤湿度大的地方冻害较轻。地形开阔、地势高燥的地方，通风性越好，花期受害越轻或不发生。

（3）管理水平。土壤肥力水平高的果园（树势强壮）受害轻，成龄树冻害轻，管理精细的果园冻害轻，果树叶面喷施微量元素肥和植物生长调节剂的果园冻害轻，秋末冬初果树涂干的果园冻害轻；秋末冬初未施入基肥或施基肥量很少的果园，大小年结果严重的果园，以及粗放管理、树体极端衰弱的果园，冻害较重。

（4）苹果花期受冻的临界温度。大量调查研究表明：苹果花期及幼果期花果抗寒力弱，对低温忍耐力差。花期花果承受的极限温度是蕾期 $-3.85 \sim -2.75℃$，开花期 $-2.2 \sim -1.7℃$，幼果期 $-2.5 \sim -1.1℃$。

表现症状 花蕾受冻，外露花瓣失水，颜色变暗以致干枯；已开放的花受冻，花瓣边缘变褐、焦枯，雌蕊变黑、萎缩、子房变褐，雄蕊变黑、花药干缩，花萼失绿变黄，最后花朵凋萎、脱落。

防治方法 选用花期晚、抗寒能力强的品种。园址选择应坚决避开低洼地、盆地、峡谷地、山谷口等冷空气容易聚集、辐射霜冻容易发生的地带。加强树势管理，密切关注天气预报。霜冻来临时，可大面积熏烟或吹风联防。

（二）干旱高温灾害

1. 苹果日灼

表现症状 果实日灼常常发生在2个时段：一是幼果期，套袋不久遭遇高温，袋内果实常会出现日灼伤害，果面受伤变色，果柄受伤，会连袋一起脱落（图7-42）。二是摘袋后不久发生日灼，由于长期在袋内生长的果实果皮组织柔嫩，摘袋后突然遭遇强光直晒，导致柔嫩果皮组织灼伤。最初伤疤变黄，后变成褐色的硬痂。此外，日灼伤害的果面也会产生裂纹、裂口等。

引发原因 直接原因是干旱高温造成果面灼伤。果树生长前期往往干旱少雨，尤其在 5 ~ 7 月苹果幼果生

图7-42 苹果日灼症状

长和膨大的关键时期，干旱高温、空气干燥，致使苹果树的生长量减小，叶片小而薄，严重阻碍果实正常发育。如果套袋苹果的纸袋质量不好，透气性达不到要求标准，在幼果套入袋后，就会对袋内的高温、高湿条件一时很不适应，遇到高温天气，向阳面紧贴纸袋的果面就会因温度过高而出现灼伤。秋季，果实摘袋不按操作规范进行，一次同时将内外两层袋摘除，当遭遇到高温、干旱的突袭，向阳面的苹果最容易发生灼伤。

防治方法 一是加强果园综合管理，增加通风透光，果园生草，选用合格果袋，规范套袋与摘袋技术。气温超过35℃、相对湿度低于25%的晴天中午至下午4时左右应灌水降温，或对树冠南面和西面的果实喷水降温。二是必须2次摘袋，摘袋最好选择阴天或多云天气进行。晴天摘袋应避开强烈日光，宜于上午8 ～ 12时和下午3 ～ 7时进行。不套袋果园要防止早期落叶，避免日光直晒果实发生日灼。三是树盘覆盖，在高温干旱来临之前，在树盘上覆一层20cm厚的秸秆、草或麦糠等，既可保墒，又能降低地温，可以防止日灼病的发生。

2. 果面裂纹、裂口

表现症状 一是幼果生长期果面出现裂纹，裂纹多发生在果实梗洼和萼洼处，严重时果面也会出现裂纹。二是果实皮孔木栓化，致使果点明显，果面粗糙，严重时沿果实皮孔开裂或出现落果。

引发原因

（1）天气的变化。持续干旱高温，如果再遇较长时间的降雨或灌溉，再次出现高温，在果园十分郁闭的情况下就会造成果面烫伤，产生裂纹或果点。

（2）果袋的影响。因使用劣质果袋不能及时疏水，果实长时间泡水，产生裂纹、裂口。

（3）土壤营养条件。当土壤中钙、硼含量不足或氮含量过高时，苹果裂纹病加剧。

防治方法

（1）观察天气预报，提高应对突变天气的能力。

（2）提高果袋鉴别力，严格套袋技术规程。选择一些疏水性、防水性较强的优质果袋。套袋时袋口一定要扎紧，不能遇雨有水顺柄流入果袋。

（3）合理施肥，适当控制氮肥用量，及时补充钙、硼、钾等肥料。在幼果期和采收前及时在叶面喷施钙肥3 ～ 5次，提高土壤有机质含量和改良土壤结构。

（三）冰雹灾害

表现症状 果树遭受冰雹袭击受灾后，枝、叶、果实被击得千疮百孔，轻则削弱树势，造成减产，降低果品质量；重则打落果实、导致绝收，并直接影响树体生长和花芽分化，使树势衰弱，翌年产量降低，次生性病虫害发生蔓延，苹果树腐烂病大发生，危害极大。

发生特点 冰雹是夏季常见的一种灾害性天气。每年6～8月，尤其是山区、塬边、沟边和墚峁的果园都会不同程度地出现冰雹灾害，而且有加重增强趋势；降雹时期拉长（最初始于5月初，最晚终于9月底），降雹范围扩大，途经线路改变，冰雹强度加大。

防雹减灾

（1）新建果园选址应避开冰雹频发区域。

（2）规模较大的基地，规划布设驱雹的火箭或高炮，当成雹云形成后发射，驱云化雹。

（3）在容易发生冰雹的果区和其他地区，鼓励和支持有条件的果农搭建屋脊式钢网架并安装方便地面拉动拆除的防雹网（搭建技术见第二章），如图7-43所示。

图7-43 果园防雹网及支架

（4）冰雹发生后的补救措施。一是抓紧清理受损果园，对重灾绝收果园，摘除破伤果及残叶，剪截破伤枝条，清扫落叶、落果，挖坑深埋。对受害较轻果园，摘除已无商品价值的被害果，清理破损严重的枝叶，尽量保留叶片和轻伤果实。二是及时喷药，防止次生性病虫害发生蔓延。可采用保护性杀菌剂加内吸性杀菌剂及杀虫剂喷布，保护树体、枝叶和果实。三是加强肥水管理，结合喷药进行叶面喷肥：用腐殖酸或海藻酸或氨基酸＋磷酸二氢钾＋芸苔素或复硝酚钠，每隔10～15d喷1次，连喷2～3次；或单喷氮、磷、钾叶面肥。对受灾较重果园，在树盘下追施高氮高磷低钾水溶性肥料，或土壤追施氮磷钾复合肥，每株0.5～1kg。在当年秋施基肥时，适当加大施肥量，以农家肥为主，并配合适量化肥。干旱时结合施肥进行灌水。

五、果园鼠害

中华鼢鼠（图7-44），别名瞎老、瞎瞎、瞎老鼠、瞎狯等，属啮齿目仓鼠科鼢鼠亚科。

图7-44　中华鼢鼠

为害时期 中华鼢鼠在果园内主要觅食树木及部分杂草的根系，每年3～4月和9～10月出现为害高峰。

为害特点 中华鼢鼠终生在地下生活，夜间有时到地上活动，特别喜欢在土壤疏松湿润而且食物比较丰富的地段栖息，为害时常在地面形成隆起的土丘或纵横交错成行的松土堆。雌雄鼠各居一洞，一洞一鼠，洞道较长，结构复杂，一般长60～80m。

防治方法 中华鼢鼠的防治在春、秋两季进行为宜。新栽果园的鼢鼠防治应在早春雪化后或霜降上冻后降雪前进行。

（1）农业措施。建园前的秋冬季，开沟施肥可破坏鼢鼠洞系，干扰其活动，预防鼢鼠危害。在有条件灌溉的果园区，3月至4月上旬进行春灌，可有效杀灭鼢鼠，减轻鼢鼠对果树的危害。

（2）加大对蛇、黄鼠狼等天敌动物的保护力度，发挥天敌对鼢鼠的生物控制作用，减轻其对果树的危害。

（3）推广应用"鼢鼠灵""克鼠星"毒杀鼢鼠，每个洞口投放5～10g，用开洞法投毒饵防治鼢鼠，或用磷化铝5～6颗放在洞中，滴上4～5滴水，使其迅速变成毒性很强的磷化氢气体，然后堵住洞口，防治鼢鼠。

（4）药剂浇灌。用多效抗旱驱鼠剂2号500～800倍液浇灌根系。

（5）推广应用植物不育剂防治鼢鼠。将植物不育剂与饵料（党参、当归）按1∶15的比例搅拌均匀，每公顷用饵剂量为2kg。投饵方法同鼢鼠灵。

（6）隔离法。20亩左右果园可在四周埋深度150cm的金属网片或钢丝网（网眼不超过1.5cm），绕果园1周，将中华鼢鼠隔离在果园外围。

（7）水灌法。在水源丰富的果园，当用水浇灌之前，切开洞口，将水引进，可淹死大量鼢鼠。

（8）弓箭法。弓箭必须安放在较直的洞上面，洞口切齐，洞顶的地面要铲平，弓距洞口20cm。若是地箭要安放3箭，箭与箭之间相隔5～10cm，但箭头一定不要漏入洞中，箭射入之后要恰在正中位置，不能过深或过浅。

六、苹果园允许、限制、禁止使用的农药

（一）允许使用的农药品种

果园允许使用的主要杀虫杀螨剂、杀菌剂如表7-1、表7-2所示。每个品种每年最多使用2次，最后一次施药距果实采收期应在20d以上。

表7-1　苹果园允许使用的杀虫剂

农药品种	毒性	稀释倍数及使用方法	防治对象
1%阿维菌素乳油	低毒	5 000倍喷布	叶螨、金纹细蛾
0.3%苦参碱水剂	低毒	800～1 000倍液喷布	蚜虫、叶螨等
10%吡虫啉乳油	低毒	5 000倍液喷布	蚜虫、金纹细蛾等
25%灭幼脲3粉剂	低毒	1 000～2 000倍液喷布	金纹细蛾、桃小食心虫等
50%辛脲乳油	低毒	1 500～2 000倍液喷布	金纹细蛾、桃小食心虫等
50%蛾螨灵乳油	低毒	1 500～2 000倍液喷布	金纹细蛾、桃小食心虫等
20%杀铃脲悬乳剂	低毒	8 000～10 000倍液喷布	金纹细蛾、桃小食心虫等
50%马拉松乳油	低毒	1 000倍液喷布	蚜虫、叶螨、卷叶虫等
50%辛硫磷乳油	低毒	1 000～1 500倍液喷布	蚜虫、桃小食心虫等
5%尼索朗乳油	低毒	2 000倍液喷布	叶螨类
10%浏阳霉素乳油	低毒	1 000倍液喷布	叶螨类
20%螨死净胶悬剂	低毒	2 000～3 000倍液喷布	叶螨类
15%哒螨灵乳油	低毒	3 000倍液喷布	叶螨类
40%蚜灭多乳油	低毒	1 000～1 500倍液喷布	苹果蚜、苹果绵蚜等
99.1%敌死虫乳油	低毒	200～300倍液喷布	叶螨类、介壳虫
Bt可湿性粉剂	低毒	500～1 000倍液喷布	卷叶虫、叶螨等
10%烟碱乳油	低毒	800～1 000倍液喷布	蚜虫、叶螨、卷叶虫等
5%卡死克乳油	低毒	1 000～1 500倍液喷布	卷叶虫、叶螨等
25%扑虱灵可湿粉	低毒	1 500～2 000倍液喷布	介壳虫、叶蝉
5%抑太保乳油	低毒	1 000～2 000倍液喷布	卷叶虫、桃小食心虫

表7-2　苹果园允许使用的杀菌剂

农药品种	毒性	使用倍数和方法	防治对象
5%菌毒清洗剂	低毒	树体喷布、涂抹	苹果腐烂病、轮纹病
腐必清乳剂	低毒	树体喷布、涂抹	苹果腐烂病、轮纹病
2%农抗120水剂	低毒	树体喷布、涂抹	苹果腐烂病、轮纹病
80%喷克可湿粉	低毒	800倍液喷布	苹果落叶、轮纹、炭疽病
80%大生M45可湿粉	低毒	800倍液喷布	苹果落叶、轮纹、炭疽病
70%甲基硫菌灵	低毒	800～1 000倍液喷布	苹果落叶、轮纹、炭疽病
50%多菌灵可湿粉	低毒	600～800倍液喷布	苹果轮纹病、炭疽病
40%福星乳油	低毒	6 000～8 000倍液喷布	苹果落叶、轮纹、炭疽病

（续）

农药品种	毒性	使用倍数和方法	防治对象
1%中生菌素水剂	低毒	200倍液喷布	苹果落叶、轮纹、炭疽病
27%铜高温悬浮剂	低毒	500～800倍液喷布	苹果落叶、轮纹、炭疽病
倍量式波尔多液	低毒	200倍液喷布	苹果落叶、轮纹、炭疽病
50%扑海因可湿粉	低毒	1 000～1 500倍液喷布	苹果落叶、轮纹、炭疽病
70%代森锰锌粉	低毒	600～800倍液喷布	苹果落叶、轮纹、炭疽病
70%乙磷铝锰锌粉	低毒	500～800倍液喷布	苹果落叶、轮纹、炭疽病
硫酸铜	低毒	100～150倍液灌根	苹果根腐病
15%粉锈宁乳油	低毒	1 000～1 500倍液喷布	苹果白粉病
50%硫黄胶悬剂	低毒	200～300倍液喷布	苹果白粉病
石硫合剂	低毒	3～5波美度	苹果白粉病、霉心病
843康复剂	低毒	5～10倍液涂抹	苹果腐烂病
68.5%多环丝氨酸	低毒	1 000倍液喷布	苹果斑点落叶病
75%百菌灵	低毒	600～800倍液喷布	苹果落叶、轮纹、炭疽病

（二）限制使用的农药品种

限制使用的主要农药如表7-3所示。每个品种每年最多使用1次，最后一次施药距果实采收期应在30d以上。

表7-3　苹果园限制使用的农药品种

农药品种	毒性	稀释倍数及用法	防治对象
48%乐斯本乳油	中毒	1 000～2 000倍液喷雾	苹果蚜虫、食心虫
50%抗蚜威	中毒	800～1 000倍液喷雾	苹果蚜虫、瘤蚜等
25%辟芽雾	中毒	800～1 000倍液喷雾	苹果蚜虫、瘤蚜等
2.5%功夫乳油	中毒	3 000倍液喷雾	苹果叶螨、食心虫
20%灭硝利乳油	中毒	3 000倍液喷雾	苹果叶螨、食心虫
30%桃小灵乳油	中毒	2 000倍液喷雾	苹果叶螨、食心虫
50%杀螟松乳油	中毒	1 000～1 500倍液喷雾	卷叶蛾、食心虫、介壳虫
10%歼灭乳油	中毒	2 000～3 000倍液喷雾	桃小食心虫
20%氰戊菊酯乳油	中毒	2 000～3 000倍液喷雾	食心虫、蚜虫、卷叶蛾
2.5%溴氰菊酯乳油	中毒	2 000～3 000倍液喷雾	食心虫、蚜虫、卷叶蛾

（三）禁止使用的农药品种

禁止使用的农药有50种：六六六、滴滴涕、毒杀芬、二溴氯丙烷、杀虫脒、二溴乙烷、除草醚、艾氏剂、狄氏剂、汞制剂、砷类、铅类、敌枯双、氟乙酰胺、甘氟、毒鼠强、氟乙酸钠、毒鼠硅、甲胺磷、对硫磷、甲基对硫磷、久效磷、磷胺、苯线磷、地虫硫磷、甲基硫环磷、磷化钙、磷化镁、磷化锌、硫线磷、蝇毒磷、治螟磷、特丁硫磷、氯磺隆、胺苯磺隆、甲磺隆、福美胂、福美甲胂、三氯杀螨醇、林丹、硫丹、溴甲烷、氟虫胺、杀扑磷、百草枯、2,4-滴丁酯、甲拌磷、甲基异硫磷、水胺硫磷、灭线磷。

注：氟虫胺自2020年1月1日起禁止使用，百草枯可溶剂自2020年9月26日起禁止使用，2,4-滴丁酯自2023年1月29日起禁止使用。溴甲烷可用于"检疫熏蒸处理"。另外，经过整理，氯唑磷、环磷、毒杀芬、砷制剂类、氟制剂类、灭多威、含硫丹产品、含溴甲烷产品、克百威、氧化乐果、涕灭威、内吸磷、硫环磷、氟唑磷、乙酰甲胺磷、丁硫克百威、乐果、硫酰磷、氟虫腈、甲二氯也禁止在果树上使用。

第八章
果实采后处理及果品营销

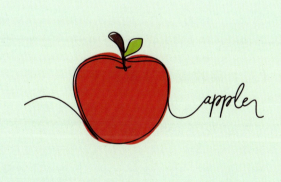

一、果实采收

苹果采收的早晚直接影响产量、品质及储藏性。若采收过早，果实发育不完全、品质差，果个小、外观色泽差，可溶性固形物含量低；若采收过晚，果实成熟度过高，色泽变暗，硬度降低，不耐储藏。只有适期采收，才能争取达到食用品质最佳，储藏期限最长，经济效益最高。

（一）苹果适宜采收期的确定

苹果的适宜采收期主要根据以下几个方面确定。

（1）外观性状。包括果实大小、形状、色泽等都达到该品种固有性状。如种子变黑、果粉形成。

（2）内在指标。果实硬度一般为 6 ~ 9kg/cm^2，储藏果品要比鲜食的硬度稍大，富士一般为 7 ~ 8kg/cm^2、瑞雪为 7.0 ~ 8.5kg/cm^2、瑞阳为 6.8 ~ 7.5kg/cm^2；固形物含量为 13% ~ 16.8%，晚熟品种固形物含量较高。

（3）果肉淀粉含量。果实成熟时淀粉转化为糖，淀粉含量下降。可通过将碘 - 碘化钾溶液涂于果实横截面上来判断成熟度。若 70% ~ 90% 没有染上色，说明成熟度较高。不同品质有不同的淀粉降解图谱。

（4）果实生育时期。每个品种从盛花期至成熟期都有一个相对稳定的天数，一般早熟品种为 100 ~ 120d，中熟品种为 125 ~ 150d，晚熟品种为 160 ~ 190d（其中：瑞阳的果实生育期为 170 ~ 175d，富士为 170 ~ 180d，瑞雪为 185 ~ 190d）。因不同地区果实生长期有效积温不同，采收期会有所差异，各地最好在适宜采收期前后 10d 左右分期采收。

（二）采收操作注意事项

（1）提倡采用采果袋、采果梯、盛果箱（筐）等采收工具，采果工人必须在采果前剪短手指甲，穿软底鞋，尽量保护好果粉、果蜡等表面结构，采果时多登梯，少上树，以免造成树体损坏和碰落果实。

（2）操作时，用手托住果实，食指顶住果柄末端轻轻上翘或大拇指轻轻下压果柄末端，果柄便与果台分离，切忌硬拉硬拽；应本着轻摘、轻放、轻装、轻卸的原则；为减少果实碰伤，可采用先采果，随即套发泡网的方法。

（3）采摘顺序是先采树冠外围和下部，后采内膛与上部。冠上冠下、冠内冠外的果实要分别对待，成熟一批采收一批，分批采完。

（4）不宜在有雨、有雾或露水未干时进行采果，应选择好天气采果。

（5）在苹果的机械化采收中，要选择合适的采摘机器，注意其性能和稳定性、维护和保养的方便性等。

自走式果园升降平台是一款全液压式小巧、灵活、转弯半径小的多功能作业平台，升降高度采用液压驱动，在果实采摘作业中无需人工上下搬运果箱等物品，提高了工作效率，降低了劳动强度，增加了作业人员的安全性，完全替代了梯子在果园中的作用，是现代化果园采果的理想机具。

二、果实采后商品化处理技术

（一）分级

1. 分级标准

对于不同果品果实，不同国家和地区有各自的分级标准。我国出口鲜苹果主要是从果形、色泽、果实横径、成熟度、缺陷与损伤等方面分为 AAA 级、AA 级和 A 级 3 个等级。为了使灵台鲜苹果尽快适应市场的要求，并与国外标准接轨，灵台县将苹果果实分为特优级、优级、一级、二级共 4 个等级。

主要划分参考指标为：

（1）果实大小：特大型果横径 ≥ 85mm，大型果横径 ≥ 80mm，中型果横径 ≥ 70mm，小型果横径 ≥ 65mm。

（2）果实色泽：元帅系着色度 ≥ 90%；红富士系 ≥ 80%；瑞阳、秦冠 ≥ 80%（着色度系指红色品种具有本品种固有色调的集中部分占果实面积的百分数）。

（3）可溶性固形物含量：元帅系 ≥ 13.5%；富士系 ≥ 14.1%；瑞阳 ≥ 13.5%；秦冠、金冠 ≥ 13.0%，瑞雪、维纳斯黄金 ≥ 14.6%；秦脆 ≥ 13.8%。

（4）果实硬度：元帅系 ≥ 6.0 kg/cm^2；瑞雪、富士系 ≥ 7.0 kg/cm^2；瑞阳、秦冠、金冠 ≥ 6.5 kg/cm^2。

（5）果形：具有本品种应有的特性。例如，元帅系为近圆锥形，果顶五棱突起明显，高桩端正，果形指数不低于0.9；富士、瑞雪为圆形或长圆形，端正，无明显偏斜，果形指数不低于0.8。

（6）果面：洁净无锈；无裂皮、碰压伤、刺伤、日烧、药害、枝磨、雹伤、干疤、斑痕、病虫果、裂果等。

（7）果肉：无腐烂病变、果肉解体、冻害及可见水心病。

（8）果柄：完整新鲜。

灵台县部分鲜果果实等级指标如表8-1所示。

表8-1　灵台县部分鲜果果实等级指标

等级	指标	瑞阳	瑞雪	秦脆	维纳斯黄金	瑞香红	大卫嘎啦
特优级	硬度（kg/cm²）	≥6.8	≥7.5	≥6.1	≥7.6	≥6.2	≥5.8
	单果（g）	≥280	≥296	≥320	≥310	≥280	≥240
	可溶性固形物（%）	≥16.9	≥16.0	≥15.8	≥15.6	≥16.7	≥14.5
优级	硬度（kg/cm²）	≥6.6	≥7.2	≥6.1	≥7.6	≥6.2	≥5.8
	单果（g）	≥258	≥275	≥290	≥240	≥245	≥200
	可溶性固形物（%）	≥15.3	≥16.0	≥15.8	≥15.6	≥16.7	≥13.5
一级	硬度（kg/cm²）	≥6.4	≥7.0	≥5.9	≥7.3	≥6.0	≥5.6
	单果（g）	≥210	≥235	≥270	≥220	≥215	≥180
	可溶性固形物（%）	≥15.0	≥15.0	≥14.8	≥15.5	≥15.5	≥13.1
二级	硬度（kg/cm²）	≥6.4	≥7.0	≥5.7	≥7.1	≥5.8	≥5.5
	单果（g）	≥190	≥185	≥250	≥200	≥190	≥160
	可溶性固形物（%）	≥13.5	≥14.5	≥13.5	≥14.5	≥14.5	≥12.3

2. 分级方法

目前在国内主要采取人工分级和机械分级。人工分级时，果实大小通常用分级板来确定。分级板上有85mm、80mm、75mm、70mm等不同规格的横径，据此将果实按大小分成若干等级。而果形、色泽、果面等项指标则完全凭分级人员目测和经验来判断和确定。因此，选果分级人员务必熟练掌握分级标准。分级时注意力要集中，以高度负责的态度，做到果果过目过分级板，严格按标准执行。机械分级时，分级机械有构造简单的果个分级机，即按果实大小、重量，借传送带分出若干等级；有较为先进的光电分级机，既能确定果色，又能分果重、果实可溶性固形物含量大小。利用机械分级，工作效率高，分级准确。

（二）洗果

洗果的目的是清除果面污物、污染，增进果面美观和卫生。用清水洗果是安全而有效的方法。当果面有钙的白色残留粉，用清水清洗法难以除掉时，须用"酸浴"除去。其方法是用1%的盐酸溶液洗果实约1min，再用

1%碳酸钠溶液中和果实表面的酸，然后用清水漂洗。酸液洗果一定要应用得当，否则会对苹果造成伤害。例如，当酸液与苹果接触5min后，足以导致色素溶解和皮孔变黑。中和剩余酸液的碳酸钠溶液的pH为10时，也会引起皮孔伤害，所以在应用时须加以防范。除了上述方法外，也可用细软绸布或湿布擦除果面污物。应用套袋方法生产的果品，由于果面洁净，可不必洗果。

（三）包装装潢

1. 包装装潢的意义

特优级苹果（精品）的包装特别讲究装潢。高档优质果品，配以精美的包装，可以刺激消费者的购买欲望，使消费者在购买、食用过程中得到美的享受；又能使果品的身价倍增，提高经济效益。另外，包装还有利于果品的储藏和运输，避免或减少果品在储运、销售过程中受损。

2. 包装箱（盒）规格

特优级苹果（精品）包装箱（盒）的规格可以多样化。根据市场分析和消费者的心理研究结果，高雅、精美的小件包装箱（盒）愈来愈受消费者欢迎。

3. 制作包装盒的材料

可选择质轻、坚固、隔热、抗压力强、无异味的优质瓦楞纸板（以木质纤维做基材的纸板）或钙塑瓦楞板做包装盒材料。包装箱（盒）外表设计的彩色苹果图案和商标图案应具有欣赏性，并配以简洁明了的文字，介绍产品的特点、特色和内含质量指标。包装盒的一面最好应用透明材料制成，使消费者可直接从盒外看到内部果品特征。可以再设计、制作手提袋，方便携带。总之，包装箱（盒）的外表设计应表现出清新、明快、大方、美观的整体艺术效果，把艺术性和科学性融为一体。

（四）取样检验

将同一品种、等级，同一包装定量，同一堆垛作为一个取样批次。一般商品取样数量为：50件以内取2件，51~100件取3件，100件以上者，以100件抽取3件为基数，每增加100件增抽1件，不足100件者以100件计。特优级苹果（精品）及出口苹果抽样数量为：100件以下抽取5件，101~300件抽取7件，301~500件抽取9件，501~1 000件抽取10件，1 000件以上最少抽取15件。抽样应在全批货物的不同部位随机抽取，使其具有代表性。

1. 包装检验

检验项目主要为外包装检验及内包装检验。外包装检验应检查包装箱（盒）有无破损、水湿、污染及是否坚固、洁净；检验箱（盒）底、盖封口是否严密牢固；检查箱（盒）上加贴的标有品种、商标、等级、重量、包装日期等的标签填印是否齐全清晰。内包装检验应检查包果纸大小及发泡网是否符合规定；果实在箱（盒）内摆放是否严密整齐。

2. 品种鉴定

检验箱内所装苹果与箱外标签上的品种是否一致，是否混装了其他品种。

3. 重量鉴定

称其箱（盒）内苹果净重是否符合规定标准。称重用的衡器，必须经国家计量检验部门鉴定合格，并在有效使用期内。

（五）质量可追溯

为加强灵台苹果产品质量安全管理，根据《中华人民共和国农产品质量安全法》《甘肃省农产品质量安全条例》，执行《甘肃省农产品质量安全追溯管理办法（试行）》，扶持追溯示范区建设，配置追溯设施设备，建立追溯信息平台，推动绿色食品、有机农产品、地理标志农产品认证，支持标志标识推广，建立农产品质量安全追溯体系，实现灵台苹果生产、收购、储存、运输环节的全程可追溯。

三、果实储藏

（一）果实预冷处理

苹果在采收季节，外界的气温还较高，果实带有大量的田间热量，这部分热量若不及时消除，会加速果实后熟衰老进程，影响果实商品质量和冷库储藏效果。因此，采收的果实经过挑选、分级后，要尽快进行预冷处理。瑞阳尽可能在采后24h内进入预冷过程，这对保持瑞阳硬度至关重要，瑞雪最迟不超过48h进入预冷。瑞阳、瑞雪都是高价值品种，不宜利用夜晚自然低温消除果实田间热量来预冷，应该尽快进入冷库的预冷间进行预冷。预冷库的机械制冷功率要强，降温速度要快，但预冷的终温要控制在稍高于该品种的适宜冷库储藏温度，如大多数苹果品种适宜的冷储温度为−1～0℃，而预冷的适宜终温则为0～1℃。瑞雪果实对温度比较敏感，预冷的终温应稍高些为宜，建议为1～2℃。

（二）储藏方式

苹果以鲜食为主，果实在采后生命活动依然活跃。灵台县苹果的主要储藏方式有冷库储藏和气调储藏。在常温下有10d经济寿命的苹果，用冷库储藏可延长至100d，用气调储藏可延长至200d。

冷库储藏是目前灵台县应用最普遍的苹果储藏方式。其基本原理是在用隔热材料建造的仓库中，通过机械制冷系统，使库内的温度保持适宜果品储藏的温度水平，对果品进行低温储藏。

气调库储藏保鲜就是通过降低储藏环境中的氧气（O_2）浓度、提高二氧化碳（CO_2）浓度，可有效抑制乙烯的生物合成和它的催熟作用，进一步降低果实呼吸强度和延缓呼吸跃变的出现，能明显延长苹果的储藏时间，果实新鲜度好，果实硬度、褪色和风味变化缓慢，货架期长，还能控制虎皮病等病害的发生。

（三）冷库储藏管理技术

为保证果实储藏效果，苹果冷库储藏应做好三个关键环节的管理，包括储前准备、果品入库、冷库日常管理等。

1. 储前准备

（1）做好库房准备。对相关设备进行调试检修，如制冷、电气、控制、排供水设备等，保证整个冷库系统处于安全、正常运行状态。

（2）清扫与消毒。对储藏库及用具（如托盘、储藏架、周转箱筐）进行彻底清扫或清洗，并全面消毒，保证储藏环境中不带有病菌污染源。对储藏用具，可用2%～3%漂白粉溶液浸泡刷洗消毒。对库内消毒，常用方法包括：一是硫黄熏蒸。100m^3库容，需1.5～2.0kg的硫黄粉和3倍硫黄重量的潮湿锯末，点燃熏蒸，燃烧后密封2～3d，然后打开库门通风，彻底散去残余的二氧气硫（SO_2）气体。二是乳酸熏蒸。用80%～90%乳酸原液与等量的水混合后，倒入陶瓷盆中用电炉加热蒸发。用量为乳酸原液1mL/m^3。熏蒸后密封24h，然后打开库门，散去残余乳酸气体。三是喷布过氧乙酸。将20%原液配成1%的水溶液全面喷布，然后密封6h以上，开库门散去残余气体。四是臭氧处理。臭氧具有广谱高效灭菌作用，尤其对真菌杀灭效果更好。臭氧处理后又变成了氧气，不污染果实，还能降低储藏环境中的乙烯含量。用量为20～40mg/m^3，空库处理后密封6h即可。

（3）进行空库预冷。苹果入库前4～5d，开机降温，使库内温度逐渐降

至 −1 ～ 0℃，待库温稳定后，才能进行果品入库。

2. 果品入库

苹果入库操作会对以后的果品储藏效果产生直接影响，应规范操作，注意相关细节处理。

（1）货垛堆码要求。包装容器可使用大木箱、塑料周转筐、抗吸湿的瓦楞纸箱（留有透气孔）等。入库时要注意：一是不同品种要分库存放，不同产地的果品要分垛、分等级堆码，避免不同品种、质量的果品混合堆放。二是合理安排货位和堆码高度，货垛排列方式、走向及间隙要与库内空气环流方向一致。货垛离库壁相距20cm左右，距库顶50 ～ 100cm，距风机不少于150cm，垛底垫板高度为10 ～ 15cm，垛高不能超过冷风机的出风口。垛与垛间距为30 ～ 50cm，垛内容器间距离为1 ～ 2cm，库内通道保持60 ～ 100cm。三是合理安排储藏密度，库内有效空间的储藏密度应在250kg/m³以下。四是为便于检查和管理，垛位不宜过大，入库后及时填写货位标签和平面货位图。

（2）入库量。果品不宜一次全部入库，要分批入库。每次入库量不超过库容的10%～ 15%，入库时库温上升不超过3℃。

3. 冷库日常管理

入库工作完成后，冷库管理进入正常运行阶段，要做好以下几方面工作。

（1）库温管理。果品储藏期间，要保持库温稳定，波动幅度不超过1℃。瑞阳苹果适宜的储藏温度与富士相近，为−1 ～ 0℃，瑞雪苹果适宜的储藏温度为−0.5 ～ 0.5℃。为及时、准确掌握库内温度变化情况，应定期进行温度监测、记录。测温时，温度计的精准度、放置的位置都会影响测定结果。因此，使用温度计前要对其进行校正，并放在有代表性的位置。同时，为全面了解温度变化，应将库内温度计测定与果实温度探头测定相结合。

（2）湿度管理。为减少苹果储藏期的蒸腾失水，库内相对湿度宜保持在90%～ 95%，若湿度低于85%时，应及时增加库内湿度。通常情况下，当库内温度趋于稳定后，可开始进行加湿。增加湿度的常用方法是用加湿器加湿，加湿器出来的雾粒越小，加湿的效果越好。常见的给库底洒水方法，加湿作用有限。用加湿器加湿时，应尽量靠近风机，以便于雾粒均匀扩散。

（3）库内空气环流和通风换气。应保持库内空气大环流，并且通畅。大环流就是指从风机出来的冷风能达到对面的墙上，然后经过库底层回到风机下方，从而最大程度地保持库内空气温度均匀一致。同时，通过定期通风换气，可带出堆垛内果实代谢产生的CO_2、乙烯和其他挥发性物质。一般可选择在气温较低的晴天的凌晨或夜间，对储藏库进行通风，将库内积累的乙烯、CO_2、挥发性物质等及时排出。通风换气的频率和持续时间要根据储藏的品种数量、种类和储藏时间而定。储藏初期，通风间隔期宜短；待库温稳定后，通风间隔期可适当延长。对瑞雪而言，储藏期定期通风换气尤为重要。

（4）果品质量检查。要定期对库内储藏果实进行抽检测定，做好记录，若发现问题及时进行处理。抽检指标主要包括果实硬度、可溶性固形物含量、失水率、病害发生情况等。

（5）出库管理。苹果储藏期的长短，应根据果实储藏质量的好坏和市场行情灵活掌握，以不影响果品销售质量为原则。果品出库时，要考虑库内外的温度差异情况。出库时若库内外温度差别过大，易使果面"结露"，引起腐烂。外界温度过高时出库，还易促发果实虎皮病。若果品常温运输或在常温下包装销售，应逐步升高库温，待果实温度升至10℃左右再出库。

（四）气调储藏管理技术

气调储藏是世界发达国家及地区广泛应用的目前最为先进的苹果储藏方式。目前在我国应用占比还较小（约占5%）。因其前期建设成本大、运行管理技术要求高，主要在一些果品储藏龙头企业应用。

利用气调储藏方式，可显著提高苹果的保鲜效果，保鲜期可达到7～8个月。但在气调储藏中，过高的CO_2浓度或过低的O_2浓度，均有可能造成果实代谢失调而引起果实伤害变质。不同苹果品种对储藏环境中气体成分变化的敏感程度有较大差异。一般情况下，苹果的气调储藏适宜条件为O_2浓度2%～5%、CO_2浓度1%～5%。气调储藏技术在应用时可因应品种不同做适当调整。瑞阳、瑞雪品种对储藏温度和气体成分变化的敏感性不同。瑞阳苹果对CO_2耐受性较强，适宜的气调储藏条件：温度为 -1～0℃、相对湿度为90%～95%、CO_2含量为2%～3%、O_2含量为2%～3%。瑞雪苹果对温度及环境气体变化较为敏感，适宜的气调储藏条件：温度为0～1℃、相对湿度为90%～95%、CO_2含量为0～1%、O_2含量为3%～4%。

气调库苹果出库前，应先打开气密门，让风机吹1～2h，当库内O_2浓度升至超过18%后再开库门操作，以保证入库人员生命安全。

（1）在每间气调库的门上书写"危险"标志。在封库之后，气调门及其小门应加锁，防止闲杂人员擅自入库。

（2）气调门上的小门至少宽600mm、高750mm，使背后佩戴着呼吸装置的人员可以通过。

（3）在靠近库内冷风机处放一架梯子，以便检修设备时使用。

（4）至少要准备2套经过检验的呼吸装置。

（5）需要进入气调库检查储藏质量或维修设备时，至少要由2人进行。入库前应将库门和观察窗的门锁打开，戴上可靠的呼吸装置。一人进入库内，另一人守候在气调门外并一直关注入库人员的动态。一旦入库人员发生意外，应采取急救措施。若维修工作量大，短时间内完不成，应开启库门，启动风机，待库内气体回复到空气状态再入库，工作完成后封门调气。

（6）加强防火安全管理。气调库发生的火灾与一般的火灾不同，因制冷系统采用的氨或氟利昂制冷剂的外泄会产生毒气或导致爆炸，造成极大的损害。因此，应加强安全防范措施，增加消防设施，加强防火安全管理，禁止吸烟，杜绝一切可能引起火灾的隐患。

四、果品营销

（一）建立合理的流通体系

生产者、流通领域和其他行业，要组成生产销售一体化利益共享的联合体，以减少过多的中间环节，增强市场信息传播的快捷性，提高经济效益，增加果品的市场竞争力。此外，还要建立储运销相结合的批发市场，实现储运销一体化，推进苹果产业发展。

果品生产要以市场为导向，以效益为中心，做好品种结构的调整和布局。品种选择上，要突出名优品种，积极引进国外的优良新品种，作为储备。优良新品种是开展商品化生产的基础，品种的好坏决定了果品的品质和市场价格。应该根据实际条件和当地的消费水平，明确生产定位和销售市场定位，实现高档果品、观光旅游、采摘为目的定向生产，可以大幅提高果品价值。根据市场需求，合理调整早中晚熟品种，延长上市时间。在政府和技术部门的支持下，联合广大生产者，以苹果产销协会等为主体，实施统一技术、分散生产和集中走向市场的经营思路，实现果品生产的标准化、优质化、商品化、基地化和规范化，提高果品生产者的市场竞争力和可持续发展的能力，促进果品市场健康发展。

（二）强化品牌意识

一方面，要通过报纸、广播、电视和网络等媒体加大广告宣传力度，使人们充分认识到果品的营养和保健作用；另一方面，运用地理标志品牌优势，打造地方名优特色产品，提升果品的市场影响力和美誉度。

（三）注重果品包装

果品包装是商品化处理的重要环节。对产品进行包装，不仅可以保护商品，便于商品运输、储存和销售，而且能提升果品档次，满足消费者的多样化需要，为生产经营者创造额外的利润。包装除了要求小型化以外，还要向艺术化和实用化方向发展。制作民间特色包装，可以起到美化商品、宣传商品、吸引客户、提高客户兴趣、诱发客户购买欲望的作用。包装也要有创意，别具一格、引人注目。只有在品牌名称、商标、宣传词上体现地方特色，形成商品独特的附加文化属性和审美价值，才能吸引消费者的注意。

第九章
苹果安全质量标准

苹果安全生产是指在洁净的土地上用清洁的生产方式生产优质、安全、营养的苹果食品，基本要求是以生产安全优质苹果食品为目标，在生产过程中优化生产技术，最大程度地保护生态环境，降低对人类健康的风险性。本章根据灵台苹果栽培的实际情况，主要介绍良好农业规范、绿色苹果和有机苹果生产内容。

一、良好农业规范

（一）概念

良好农业规范（good agricultural practices，GAP）作为一种适用方法和体系，通过经济的、环境的和社会的可持续发展措施来保障食品安全和食品质量。GAP主要针对未加工和最简单加工的（或生的）出售给消费者和加工企业的大多数果蔬的种植、采收、清洗、摆放、包装和运输过程中常见的微生物的危害控制。其关注的是新鲜果蔬的生产和包装，包含了从农场到餐桌的整个食品链的所有环节。

（二）认证标准

参照《良好农业规范　第5部分：水果和蔬菜控制点与符合性规范》（GB/T 20014.5—2013）。认证主要涉及以下方面：繁殖材料、土壤和基质的管理、采前、采收、农产品处理（农产品包装场所未就农产品处理申请良好农业规范认证的则不适用）。

GAP认证级别包括①一级认证：等效欧盟EUREPGAP认证；②二级认证：要求比一级认证低5%。标识如图9-1所示。

图9-1　认证级别

A.一级认证标志　B.二级认证标志

（三）认证流程及所需材料

认证流程如图9-2所示。

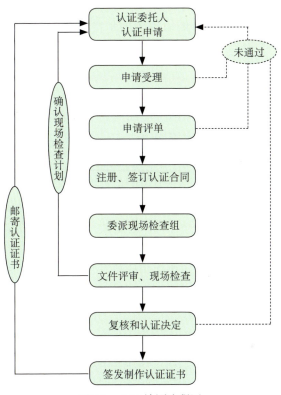

图9-2　GAP认证流程图

（1）熟悉标准，认真阅读《良好农业规范》（GB/T 20014.1 ～ 20014.11—2005）标准，了解标准中的要求。

（2）企业管理者、生产负责人和内部审核员应参加过培训，以便更多了解GAP的要求和相关知识。

（3）生产操作过程符合相关GAP控制点的操作标准，遵循我国和出口目标国的法律法规，并保存GAP操作过程中完整的农事活动书面记录。

（4）在接受正式的独立检查之前，企业应该使用GAP检查表进行一次自我检查，验证是否符合了GAP的所有控制点的标准，并对不符合的地方进行记录和改进。

（5）申请者在接受代理公司的检查之前，要积极配合代理公司提供有关的文字材料，并在检查现场、设施以及人员等方面给予配合。

[文件准备] 企业在接受认证机构的检查之前，应当准备齐全《良好农业规范》（GB/T 20014.1 ~ 20014.11—2005）要求的所有文件。若是第一次接受检查，须保存3个月以上的完整农事活动书面记录，包括产品的可追溯性文件。这些文件和记录用以证明申请方确实进行了GAP操作。具体文件要求如下。

a.申报材料目录。

b.营业执照、注册商标（复印件）。

c.申请人情况介绍，包括组织性质和形式、人员结构、组织机构、人员培训情况、技术和质量负责人的情况等。

d.产地环境检测和评价报告，产品检测报告（产品消费国家/地区适用的法律法规清单，包括申请认证产品适用的最大农药残留量MRL法规）。

e.申请认证的模块/产品上个生产周期的记录档案目录及摘要。

f.当申请人为农业生产经营者时，应提供其法人注册或自然人证明材料和土地租赁合同或土地使用证明，以及土壤栽培图；当申请人为农业生产经营者组织时，申请人应提供其法人注册证明材料、与农业生产者签订的合作协议或声明，以及土壤栽培图。

g.生产区域分布图。

h.生产流程图。

i.体系文件，包括：质量手册（以农业生产经营者申请时不需要）、程序性文件（如文件控制程序、记录控制程序、卫生质量控制程序、采购、仓库管理程序、内部质量审核程序、检验控制程序、不合格品控制程序、纠正措施控制程序、员工培训计划等）以及作业手册（如生产作业指导书等）。

j.内部检查和内部审核记录，主要包括：按照GAP国家标准，逐一比对形成内部检查记录；按照《良好农业规范认证实施规则》附件4要求，逐一比对形成的内部审核记录。

备注：以上材料须装订成册，一式两份。

[地点和设施的准备] 作物生产地块、设施、场所，进行GAP生产和加工的标志（牌子），生产环境的卫生情况，工人的福利状况，对生产过程中可能出现的紧急事故的处理能力，对GAP控制点的遵从情况，是否能够有效地防止农业操作过程中产生的交叉污染，GAP产品和其他产品的隔离措施以及地块的准备等。

[人员的准备] 主要是管理人员、内部检查员和生产加工人员对GAP标准理解，以及根据标准活动的实施情况。

（6）内部检查员应该对认证的地块上GAP操作体系的执行情况每年进行至少一次内部检查（自我检查），重点检查操作中的不符合项、整改措施的落实情况。

（7）检查安排作物类检查：初次检查，要求申请人提供获得注册号之后，收获日期之前的3个月的记录。宜在收获期间安排初次检查，以便对与收获相关的控制点（如最大农残限量、收获期间的卫生除害等）进行查证。申请一种以上作物的认证，如果生产期同步或相近的，检查时间宜靠近收获期；如果生产期不同步或不相近的，那么初次认证检查应在最早收获作物的收获期间进行，其他产品在通过现场检查或者由生产者提供可接受的证据，验证了适用控制点的符合性后，可加入认证证书的覆盖范围。

二、绿色食品苹果

（一）概念

绿色食品苹果是指由中国绿色食品发展中心认证、许可使用绿色食品标志的无污染的安全、优质、营养食品苹果。

绿色食品苹果必须具备以下条件：①产品或产品原料产地必须符合绿色食品生态环境质量标准；②苹果种植及加工必须符合绿色食品的生产操作规程；③苹果产品质量必须符合绿色食品质量和卫生标准；④产品外包装必须符合国家食品标签通用标准，符合绿色食品特定的包装装潢和标签规定。

（二）认证标准

绿色食品苹果认证标准参照《绿色食品 温带水果》（NY/T 844—2017），主要涉及以下方面：产地环境、生产过程、感官、理化指标、农药残留限量、检验规则、标签以及包装、运输和储存。其中，产地环境标准参照《绿色食品产地环境质量》（NY/T 391—2021），主要包括产地生态环境基本要求、隔离保护要求、产地质量环境通用要求（空气质量要求、水质要求、土壤环境质量要求、食用菌栽培基质质量要求）和环境可持续发展要求。

绿色食品商标标志矢量图如图9-3所示。

组合一

组合二

组合三

组合四

组合五

组合六

组合七

图9-3 绿色食品商标标志

（三）认证流程及所需材料

按照《绿色食品标志管理办法》进行认证申请。

（1）申请人向中国绿色食品发展中心（以下简称中心）及其所在省（自治区、直辖市）绿色食品办公室、绿色食品发展中心（以下简称省绿办）领取《绿色食品标志使用申请书》《企业及生产情况调查表》及有关资料，或从中心网站下载。

（2）申请人填写并向所在省绿办递交《绿色食品标志使用申请书》《企业及生产情况调查表》及以下材料：

a. 保证执行绿色食品标准和规范的声明；

b. 生产操作规程（种植规程、养殖规程、加工规程）；

c. 公司对"基地＋农户"的质量控制体系（包括合同、基地图、基地和农户清单、管理制度）；

d. 产品执行标准；

e. 产品注册商标文本（复印件）；

f. 企业营业执照（复印件）；

g. 企业质量管理手册；

h. 要求提供的其他材料（通过体系认证的，附证书复印件）。

三、有机食品苹果

（一）概念

有机食品苹果是指来自有机农业生产体系，根据有机认证标准生产、加工并经独立的有机食品认证机构认证的果园及苹果产品。根据有机食品种植标准和生产加工技术规范而生产的、经过有机食品颁证组织认证并颁发证书的苹果，在生产和加工过程中绝对禁止使用农药、化肥、除草剂、合成色素、激素等人工合成物质，符合生态体系要求。

（二）认证标准

有机苹果认证标准参照《有机产品 生产、加工、标识与管理体系要求》（GB/T 19630—2019）主要涉及以下方面：植物生产转换期、平行生产、产地环境要求、缓冲带、种子和繁殖材料、栽培、土肥管理、病虫草害防治、设施栽培、分选、清洗及其他收获后处理、污染控制以及水土保持和生物多样性保护。有机苹果生产技术规范参照《有机苹果生产质量控制技术规范》（NY/T 2411—2013），主要包括生产单元建立、环境监测评价、种苗选择、种苗繁育、栽培过程、病虫草害防治、收获处理以及储存要求。

中国有机产品认证标志标有中文"中国有机产品"字样和英文"ORGANIC"字样，如图9-4所示。

图9-4 中国有机产品认证标志

（三）认证流程及所需材料

有机食品认证流程图如图9-5所示。

1. 申请

申请人向分中心提出正式申请，领取《有机食品认证申请表》和交纳申

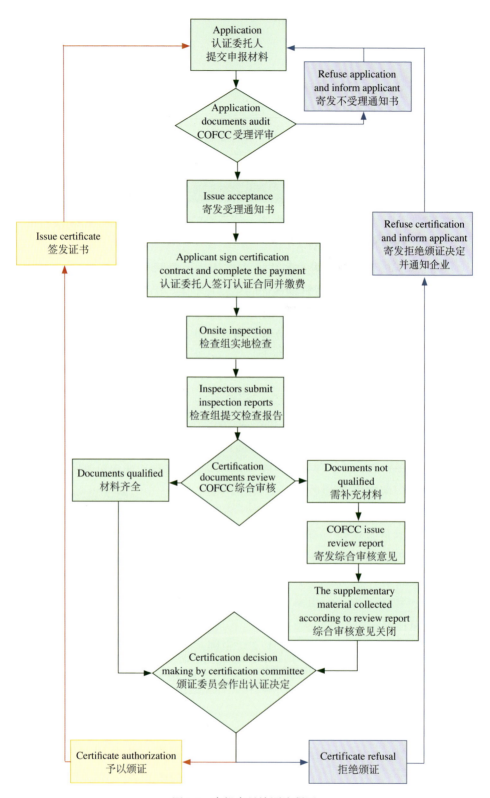

图9-5 有机食品认证流程图

148

请费，同时领取《有机食品认证调查表》和《有机食品认证书面资料清单》等文件。申请人应至少提交以下文件和资料。

（1）认证委托人的合法经营资质文件的复印件。

（2）认证委托人及其有机生产、加工、经营的基本情况，如下。

a. 认证委托人名称、地址、联系方式；不是直接从事有机产品生产、加工的认证委托人，应同时提交与直接从事有机产品的生产、加工者签订的书面合同的复印件及具体从事有机产品生产、加工者的名称、地址、联系方式。

b. 生产单元/加工/经营场所概况。

c. 申请认证的产品名称、品种，以及生产规模，包括面积、产量、数量、加工量等；同一生产单元内非申请认证产品和非有机方式生产的产品的基本信息。

d. 过去三年间的生产历史情况说明材料，如植物生产的病虫草害防治、投入品使用及收获等农事活动描述。

e. 申请和获得其他认证的情况。

（3）产地（基地）区域范围描述，包括地理位置坐标、地块分布、缓冲带及产地周围邻近地块的使用情况；加工场所周边环境描述、厂区平面图、工艺流程图等。

（4）管理手册和操作规程。

（5）本年度有机产品生产、加工、经营计划，上一年度有机产品销售量与销售额（适用时）等。

（6）承诺守法诚信，接受认证机构、认证监管等行政执法部门的监督和检查，保证提供材料真实、执行有机产品标准和有机产品认证实施规则等相关要求。

（7）有机转换计划（适用时）。

（8）其他。

2. 预审并制订初步的检查计划

分中心对申请人预审。预审合格，分中心将有关材料复制给认证中心。认证中心向企业寄发《受理通知书》《有机食品认证检查合同》（简称《检查合同》）并同时通知分中心。

3. 签订有机食品认证检查合同

申请人确认《受理通知书》后，与认证中心签订《检查合同》。申请人委派内部检查员（生产、加工各1人）配合认证工作，并进一步准备相关材料。

4. 初审

分中心对申请者材料进行初审，对申请者进行综合审查。若审查不合格，认证中心通知申请人且当年不再受理其申请。

5.实地检查评估

全部材料审查合格以后，认证中心派出有资质的检查员进行实地检查评估。

6.编写检查报告

检查员完成检查后，按认证中心要求编写检查报告。检查员在检查完成后两周内将检查报告送达认证中心。

7.综合审查评估意见

认证中心进行综合审查评估，编制颁证评估表，提出评估意见并报技术委员会审议。

8.认证决定人员/技术委员会决议

申请内容完全符合有机食品标准，颁发有机食品证书。认证决定人员同意颁证。申请人的基地进入转换期一年以上，并继续实施有机转换计划，颁发有机转换基地证书。

9.证后跟踪管理

获得认证后，认证机构还应进行后续的跟踪管理和市场抽查，以保证生产或加工企业持续符合相关有机产品国家标准和《有机产品认证实施规则》的规定要求。进行现场检查的有机产品认证检查员应当经过培训、考试并在中国认证认可协会（CCAA）注册。

国家苹果产业技术体系审定专家

马锋旺　国家苹果产业技术体系首席科学家育种方法与抗性育种岗位科学家、西北农林科技大学教授

张　东　国家苹果产业技术体系副首席科学家苗木繁育与栽培方式岗位科学家、西北农林科技大学教授

姜远茂　国家苹果产业技术体系养分管理岗位科学家、山东农业大学教授

张彩霞　国家苹果产业技术体系种质资源创新与评价岗位科学家、中国农业科学院果树研究所研究员

刘天军　国家苹果产业技术体系产业经济岗位科学家、西北农林科技大学教授

王树桐　国家苹果产业技术体系生物防治与综合防控岗位科学家、河北农业大学教授

任小林　国家苹果产业技术体系采后处理与机械化岗位科学家、西北农林科技大学教授

尹承苗　国家苹果产业技术体系果园土壤连作障碍克服岗位科学家、山东农业大学副教授

薛晓敏　国家苹果产业技术体系花果管理岗位科学家、山东省农业科学院副研究员

刘　璇　国家苹果产业技术体系质量安全与营养品质评价岗位科学家、中国农业科学院农产品加工研究所研究员

参考文献

北京林学院, 1979. 林木病理学 [M]. 北京: 农业出版社.

河北省果树研究所, 1978. 果树病虫害及其 [M]. 石家庄: 河北人民出版社.

黄可训, 胡敦孝, 1975. 北方果树害虫及其防治 [M]. 天津: 天津人民出版社.

辽宁省果树科学研究所, 1964. 苹果病虫害防治技术 [M]. 沈阳: 辽宁人民出版社.

刘福昌, 1984. 苹果轮纹病的防治 [J]. 中国果树 (1): 46-48.

刘福昌, 王焕玉, 1983. 苹果病毒病的研究和防治 [J]. 中国果树 (2): 31-33.

孟战雄, 王生源, 2015. 苹果轮纹病和苹果炭疽病的识别与防治 [J]. 安徽农学通报, 21(24): 2.

陕西省果树研究所, 1975. 苹果、梨病虫害防治 [M]. 北京: 农业出版社.

汪景彦, 2001. 苹果优质生产入门到精通 [M]. 北京: 中国农业出版社.

王锦锋, 2016. 庆阳苹果标准化生产实用技术: 乔化苹果栽培 [M]. 杨凌: 西北农林科技大学出版社.

赵政阳, 2021. 瑞阳瑞雪苹果高效生产技术 [M]. 杨凌: 西北农林科技大学出版社.

浙江农业大学, 四川农学院, 河北农业大学, 等, 1978. 果树病理学 [M]. 上海: 上海科学技术出版社.

中国科学院动物研究所, 1978. 天敌昆虫图册 [M]. 北京: 科学出版社.

中国林业科学院, 1983. 中国森林昆虫 [M]. 北京: 中国林业出版社.

中国农业科学院果树研究所, 1960. 中国果树病虫志 [M]. 北京: 农业出版社.

中国农业科学院果树研究所郑州分所, 1977. 果树病虫害防治 [M]. 郑州: 河南人民出版社.

朱弘复, 王林瑶, 方承莱, 等, 1979. 蛾类幼虫图册 (一)[M]. 北京: 科学出版社.